# 열전 에너지 변환 재료

# 열전 에너지 변환 재료

이동주 • 문태호 • 윤종원

단국대학교출판부

# 머리말

인류가 대책을 마련해야 하는 문제 중 하나는 제한된 석유 자원 등을 대체할 또 다른 에너지원을 확보하는 것과 함께 환경 친화적인 에너지원을 찾는 것이라 할 수 있다. 또한 배기가스 에너지 및 폐기열을 재활용하는 기술 및 응용 역시 해결해야 할 중요한 과제라 할 수 있다.

열전 에너지 변환 기술은 저급 열에너지를 직접 전기에너지로 변환할 수 있는 방식으로서 열전 변환에 의한 발전 방식은 고체 상태에서 에너지 변환이 이루어지기 때문에 거의 반영구적으로 사용할 수 있는 친환경적 발전 시스템이다. 과거에는 열전 소재의 가격이 비싸고 에너지 변환 효율이 낮다는 이유로 우주선의 전력 공급 장치나 무선 통신기 전원 공급 장치, 잠수함의 동력공급 장치와 같은 우주 및 군사용 등 특수 분야 응용에 한정되었으나 최근에는 산업 폐열을 회수하여 전기를 생산함으로써 에너지절약을 할 수 있을 뿐만 아니라 태양열, 지열, 해양 온도 차 등의 자연 에너지원을 통해 전기를 생산할 수 있어 신재생 에너지원으로서도 주목을 받고 있다.

그리고 기존의 제품들은 덩어리 형태로 이루어져 있으므로 이를 박막화하여 소형칩이나 반도체 레이저 등을 효율적으로 냉각할 수 있다면 전자 부품의 소형화, 집적화 및 고성능화에 진보가 이루어질 것이다. 그러나 열전 소재의 낮은 에너지 변환 효율로 대표되는 열전 에너지 변환 기술의 여러 가지 문제점들이 해결되지 않는 한 열전 기술을 광범위하게 응용하는 것은 현재 기술로는 어려우나 새로운 열전 소재에 대한 개발이 활발하게 진행되고 있어 본 교재에서는 열전 에너지 변환 기구에 대한 소개와 함께 열전 에너지 변환 연구 내용에 대해 소개한다.

마지막으로 교정과 편집을 위해 수고해 주신 단국대학교 출판부 및 에너지 인력 양성 사업단 관계자 분들의 노고에 감사드린다.

2015년 5월 저자

# 목 차

제1장
# 서 론

새로운 열전 디바이스의 연구 개발 방향으로는 기존의 열전 물질을 박막화하는 공정개발 및 초격자 상태로 물질을 합성하여 열전 계수를 높이는 연구가 요구되고 있다. 현대 산업이 반도체 기술을 기반으로 발전하고 있게 때문에 열전 재료를 이용하여 반도체 칩들을 효율적으로 냉각할 수 있다면 산업에로의 응용 분야가 더욱 확대될 것으로 보인다. 금속재료나 반도체재료는 일반적으로 시료 끝에 주어지는 온도 차에 대응하여 열기전력이 발생한다. 이 열기전력을 이용하여 사용되지 못하고 버려지는 폐열에서 전력을 만들어내는 것이 가능하다. 그러나 열전 재료를 이용하여 열을 전기로 변환하는 것은 변환 효율이 높지 않아 열전발전은 극히 제한된 상황에서만 이용되고 있다. 열전 재료의 특성을 향상시켜 대규모 열전발전 시스템을 실용화하는 것은 21세기의 재료 과학자에게 주어진 아주 중요한 과제 중 하나라 하겠다.

최근의 열전소자 연구에 의하면 실리콘 나노선을 이용한 열전소자를 태양전지와 적층 구조로 활용할 경우에는 실리콘 태양전지에서 활용되지 못한 적외선 영역을 열전소자를 활용함으로써 에너지 변환 효율을 높일 수 있을 것으로 예상된다. 열전소자는 태양에너지를 이용한 발전뿐만 아니라 체열을 이용한 발전, 폐열 및 지열 등을 이용한 발전 등 응용 분야가 매우 다양하며, 청정에너지로서 미래지향적인 특성을 가진 분야라 할 수 있다. 그러나 아직까지 실리콘을 이용한 열전소자는 기초 연구 수준에서 그 가능성만 일부 선행 연구를 통하여 입증된 상태이다. 현실적으로는 첨단 전자제품의 냉각 칩에 우선적으로 적용하고자 하는 연구 개발이 활발히 진행되고 있으며, 열전 성능 지수(figure of merit) 값이 2 이상인 열전소자가 개발될 경우 시장 규모는 이 부분에만 연간 수십억 달러에 달할 것으로 예측되고 있다.

열전 재료 개발의 역사를 살펴보면, 열전 현상으로는 Seebeck 효과 (두 개의 서로 다른 금속 접합부의 온도 차에 의하여 기전력이 발생하는 현상), Peltier 효과(다른 종류의 금속 두 개를 접합시켜 전류를 통할 때에 전류의 방향에 따라 그 접합부가 뜨거워지거나 또는 냉각되는 현상), Thomson 효과(부분적으로 온도가 다른 금속에 전류를 흐르게 할 때 온도가 바뀌는 부분에서 발열과 흡열이 일어나는 현상)가 알려져 있다. 열전 현상은 양자역학과 고체물리가 발전한 1930년대 후반에 미시적 관점에서 이해되었고, 1929년에는 반도체를 열전 재료로 이용할 경우 그 성능이 현저히 높아지는 것이 Ioffe에 의하여 예측되었다. 그 후 Ioffe의 고찰에 기초를 둔 축퇴반도체(과도하게 불순물이 첨가된 반도체)나 반금속에서의 열전 재료 개발이 진행되어 1940년에는 Pb-S합금에서 3% 정도의 변환 효율을 가진 재료가 개발되었다. 반도체 재료를 이용하여 열전 특성이 뚜렷하게 향상되는 것은 Ioffe에 의한 예언 이후 좁은 밴드 갭을 가진 반도체재료, 고농도 축퇴반도체, 반금속에서 열전 재료가 지속적으로 개발되어 왔다. 1960년대까지는 Pb-S 합금 외에 Bi-Sb계, Pb-Te계의 열전 재료가 개발되었고 현재에도 사용되고 있는 Bi-Te계 합금이나 $AgSbTe_2$-GeTe 합금도 그 시기에 개발된 재료들이다. 1970년대부터 1980년대에 걸쳐서는 열전 재료의 연구가 거의 정체되었으나, 1990

넌대 이 후에는 다시 열전 재료가 주목되어 많은 연구가 진행되었다. 그 결과 몇 개의 새로운 재료가 보고되었으며, 대표적인 것이 층상 Co산화물, (Zr, Hf, Ti)NiSn 합금 등으로 현재에도 이들 재료에 대하여 활발한 연구가 진행되고 있다. 열전 재료의 효율성을 나타내는 열전 성능 지수(ZT)는 다음과 같이 표현되며, 이는 물질 고유의 특성에 의해 결정된다.

$$ZT = S^2\sigma T/k$$

여기서 S는 Seebeck 계수, σ는 전기전도도 그리고, k는 열전도도를 나타낸다. 벌크(bulk) 물질에서 상기 세 인자는 각각 서로 연관된 상보적 관계에 있다. 예를 들어, 전하 운반자인 전자의 수가 증가할수록 전기전도도는 증가하지만 동시에 Seebeck 계수의 감소를 가져오고, 열전도도의 경우 물질의 격자진동뿐만 아니라 자유 전자의 영향을 동시에 받아 열전도도를 증가시키게 된다. 이와 같은 상보적 관계는 열전 성능 지수(figure of merit)가 뛰어난 고효율의 열전 물질의 개발을 저해하는 요인이 되고 있다.

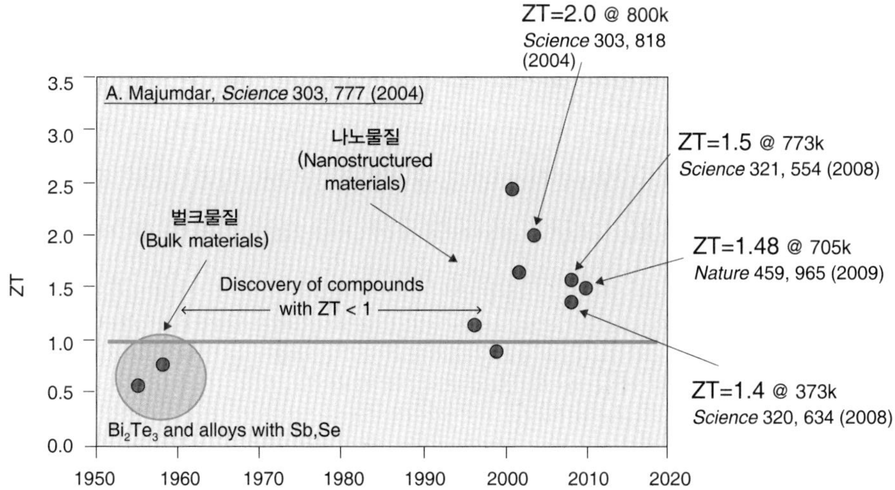


**그림 1-1** 상온에서의 열전 성능 지수의 발전 현황

〈그림 1-1〉에 상온에서의 열전 성능 지수 발전 현황이 나타나 있다. 〈그림 1-1〉에서 보듯이 현재 열전소자 재료로 사용되는 $Bi_2Te_3$ 계열의 반도체에 대한 연구가 진행되었던 1960년대까지는 열전 성능 지수가 1 정도에 불과하며, 그 이후 2000년대까지 열전 성능 지수의 증가가 거의 이루어지지 않았다. 그러나 1990년대부터 환경 친화적 에너지의 개발이 주목을 받게 되었고, 1993년 미국의 MIT 물리학과의 Dresselhaus 교수가 나노재료를 사용하면 열전 성능 지수를 비약적으로 높일 수 있다는 이론적 논문을 발표하면서 열전 현상은 재조명되기 시작하였다. Dresselhaus 교수는 이론적 논문에서 저차원 나노구조물에서 열전 성능 지수를 이루는 각각의 인자들(S, σ, k)이 서로 간의 상쇄없이 독립적인 조절이 가능하며, 양자 구속 효과에 의해 불연속적인 에너지 준위를 가지게 되어 열전도도 (k)의 감소 없이 $S^2\sigma$ (power factor) 값의 향상이 가능하다는 예측을 하였다. Dresselhaus 교수의 이론적 예측 논문 이후 실제 연구에서는 나노재료를 사용하여 비약적으로 향상된 열전 성능 지수를 보였으나 이러한 열전 성능 지수의 향상은 이론적 예측과 달리 열전 성능 지수의 분자인 $S^2\sigma$를 증가시킨 것이 아니라, 분모의 열전도도 (k)의 감소로 인한 열전 성능 지수의 증가였다.

최근 PbTe에 Tl을 도핑함으로써 열전 성능 지수 1.5 또한 n-type $In_4Se_{1-\delta}$를 이용하여 열전 성능 지수 1.48을 달성한 연구가 발표되었다. 이 두 연구는 나노 구조화에 의한 열전도도의 감소 효과가 아닌 방법으로 $S^2\sigma$ (power factor) 값을 향상시켜서, 향후 나노 구조화함으로써 열전 성능 지수를 더욱 향상시킬 수 있는 가능성을 가지고 있다. 이러한 연구들이 이미 실험적으로나 이론적으로 검증된 열전도도 감소로 인한 열전 성능 지수 향상과 합쳐진다면 열전 성능 지수 4 이상으로 향상시킬 수 있으리라 기대된다.

# 제 2 장
# 열전 에너지 변환 재료

열전 현상은 두 물질 사이에 전류를 인가함으로써 열전 물질 접합부 양단에 발열 및 냉각이 이루어지게 하거나, 반대로 두 물질간의 온도 차에 의해 기전력이 발생하는 현상이다. 1950년대 Bi-Te계 열전 소재가 개발된 이후 열전 재료의 에너지 변환 효율을 나타내는 열전 성능 지수는 상온에서 1 이하의 값을 보여 왔으며 이를 통하여 얻을 수 있는 최대 냉각 효율은 ~8%로 다양한 전자기기에의 사용이 제한적이었다. 그러나 2000년대에 접어들어 열전 성능 지수는 획기적인 개선을 보이고 있다.

이는 〈그림 2-1〉에서 보는 바와 같이 초격자 구조 혹은 양자 구속 효과 등 나노 소재 및 공정 기술이 접목된 결과로 현재까지 최고 2.4의 열전 성능 지수 값을 갖는 소자들이 보고되고 있다. 재료 내에서 열 전달을 담당하는 포논의 파장과 전기 전달을 담당하는 전자(혹은 정공)의 평균 자유 행로로부터 열전 재료를 이 특성 파장에 상응하는 길이단위를 지닌 나노구조로 제조함으로써 전자 에너지 준위 밀도를 제어하여 비교적 큰 값의 Seebeck 계수 및 전도도를 얻어 열전

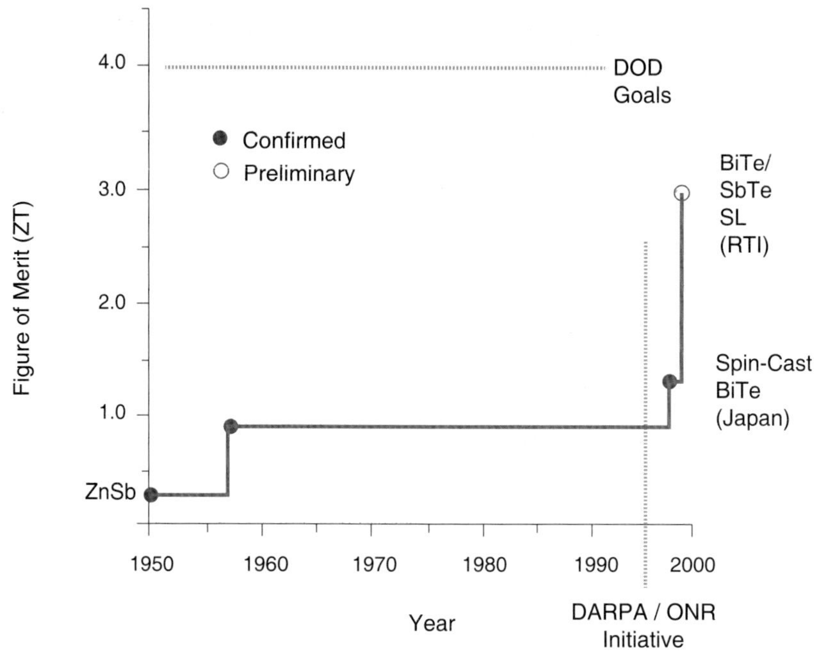


**그림 2-1** 실온에서 열전 성능 지수로 본 연도별 열전 재료의 개발 현황

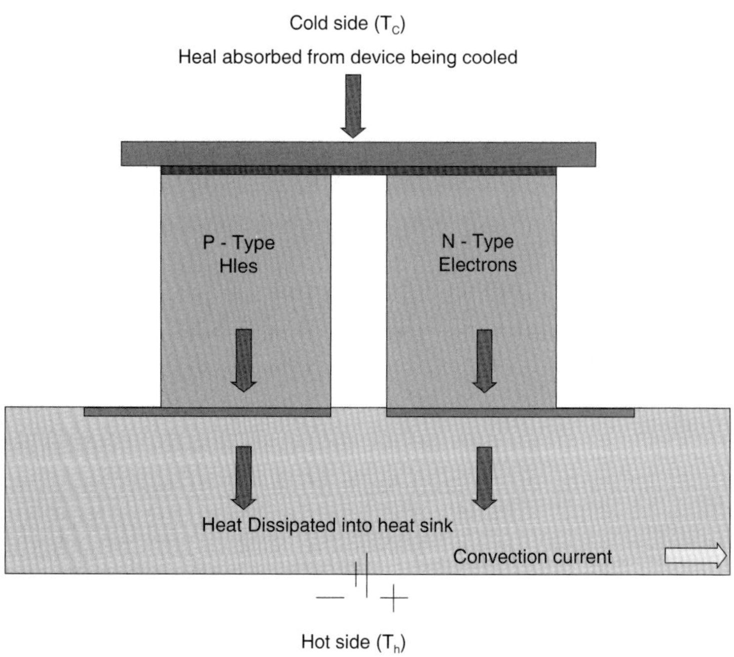


**그림 2-2** 열전 냉각 소자에서 전하 운반체의 흐름도

성능 지수 값을 향상시키거나, 열 전달을 담당하는 포논을 산란시켜 열전도도를 억제함과 동시에 에너지 밴드갭 조절을 통하여 전기적 전도도는 그대로 유지하는 방식으로 열전 성능 지수를 획기적으로 개선하고 있다.

두 물질로 접점을 만들고 전류를 흘리면 〈그림 2-2〉처럼 n-type 반도체의 hot electron들이 열을 가지고 아래로 움직이고 p-type 반도체의 hole 역시 아래로 움직이므로 상대적으로 위쪽 접점의 온도가 낮아지게 되며, 양쪽 접점 사이의 온도 차의 최댓값은 열전 재료 성능 지수인 ZT값에 비례한다.

물리적 의미를 살펴보면 열을 많이 운반하기 위해서는 전기전도도가 높아야 하고, 온도 차를 크게 유지하기 위해서는 Seebeck 계수가 커야하며 만들어진 온도 차를 유지하기 위해서는 hot 접점에서 cold 접점으로 열의 역류가 적어 즉, 열전도도가 작아야 함을 의미한다. 그런데 Seebeck 계수는 전기 절연체가 큰 값을 가지며 전기전도도는 전기 전도체인 금속이 큰 값을 갖고 전자 열전도도는 전기전도도에 비례한다. 따라서 열전 성능 지수 ZT는 열전 재료의 전자 개수가 $10^{18}$~$10^{19}cm^{-3}$ 정도일 때 최댓값을 나타내며, 이는 narrow-gap을 가진 반도체 특성에 해당한다. 기존의 덩어리 (bulk) 물질에서 최대 ZT값은 대략 1 근처로 작다는 것이 알려져 있으며, 이를 가지고 실온에서 최대한 발생시킬 수 있는 온도 차는 60°C이고 효율은 5% 정도이며, multi-stage를 이용하면 130°C 차이를 낼 수 있다. 현재까지 널리 잘 알려진 열전 재료 및 물질 특성을 〈그림 2-3〉과 〈표 2-1〉에 요약하여 나타내었다.

열전 냉각기에 관한 현재까지의 연구는 주로 덩어리 형태에 집중되어 제품 또한 덩어리 형태로 제조되었다. 현재 제품화된 열전 냉각기의 종류 및 특징을 〈표 2-2〉에 정리하였는데 비록 박막 형태로 제조한 것들은 아니지만 열전 냉각기의 다양한 적용 분야를 살펴볼 수 있다. 이러한 열전소자의 특징을 정리하면 다음과 같다.

1) 기계적 작동부가 없는 직접 에너지 교환 방식

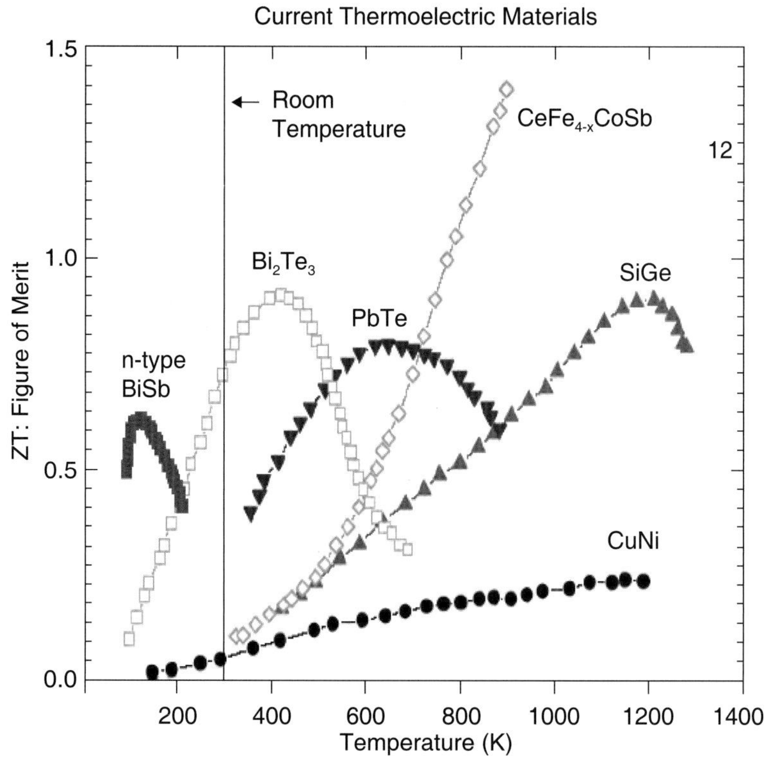


**그림 2-3** 온도 영역에 따른 높은 열전 성능 지수(ZT)를 갖는 물질

2) 구조가 간단하고 소형이며 경량화가 가능
3) 전기 작동식이며 유지 보수의 용이성
4) 반영구적인 수명
5) 소음이 없고 무공해
6) 무중력 하에서의 사용 가능성 등

열전 냉각을 이용한 다른 제품으로서는 이미 시판되고 있는 김치냉장고, 승용차에 내장된 전기냉장고, 컴퓨터 중앙처리장치 냉각기, 정수기에 부착시켜 냉수를 만드는 장치 등이 해당된다.

**표 2-1** 열전 재료 물질들의 여러 가지 특성

| 열전 재료 | 결정 구조 | 에너지 갭 (eV) | 전자 이동도 ($m^2$/vs) | 정공 이동도 ($m^2$/vs) | Kph (mW/ cmK) | Z max n-type ($10^{-3}K^{-1}$) | Z max p-type ($10^{-3}K^{-1}$) | T at Zmax (K) |
|---|---|---|---|---|---|---|---|---|
| $Bi_{0.85}Sb_{0.15}$ | Rhom | 0.02 | | | | | | 80 |
| $Bi_2Te_3$ | Rhom | 0.13 | 0.12 | 0.05 | 0.15 | 2.6 | 2.2 | |
| $Bi_2Se_3$ | Rhom | 0.28 | 0.06 | | 15 | 2.6 | 2.2 | 120 |
| $Bi_2Se_{0.3}Te_{2.7}$ | Rhom | | | | | 3.0 | | |
| $Bi_{0.5}Sb_{1.5}Te_3$ | Rhom | | | | 11 | | 3.3 | |
| $CsBi_4Te_6$ | Rhom | | | | 9 | | 1.23 | 260 |
| $\beta$-$K_2Bi_8Se_{13}$ | Rhom | | | | 8.3 | 1.23 | | 260 |
| PbTe | NaCl | 0.33 | 0.162 | 0.075 | 21 | 2.0 | 1.6 | 270 |
| GeTe | NaCl | 1.0 | | | | | 0.9 | 800 |
| $AgSbTe_2$ | NaCl | 0.3 | 0.014 | | 6 | | 1.8 | 650 |
| InSb | Z. B. | 0.1 | 8 | 0.075 | 150 | 0.5 | | 650 |
| InAs | Z. B. | 0.45 | 3.3 | 0.046 | 290 | 0.45 | | 1000 |
| $(InSb)_{0.65}(GaSb)_{0.35}$ | Z. B. | 0.25 | | | | | 1.15 | 630 |
| $Cu_{1.97}Ag_{0.03}Se$ | | | | | 8 | | 1.04 | 1000 |
| Ge | Diam | 0.7 | 0.45 | 0.35 | 600 | | | |
| As | Diam | 1.1 | 0.13 | 0.05 | 1500 | | | |
| $Si_{80}Ge_{20}$ | Diam | 1.0 | 0.04 | 0.025 | | 0.85 | 0.6 | 1200 |
| $\beta$-$Zn_4Sb_3$ | Skutter | | | | | | 0.19 | 673 |
| $Zn_{3.2}Cd_{0.8}Sb_3$ | Skutter | | | | | 0.27 | | 523 |
| $CoSb_3$ | Skutter | 0.2 | 0.35 | 0.071 | 39.7 | | | 600 |
| $CeFe_{4-x}Co_xSb_{12}$ | Skutter | | | | | 0.23 | | 600 |
| $Zn_{1.98}Al_{0.02}O$ | Z. B. | | | | | 0.24 | | 1273 |
| $In_2O_3$-$SnO_2$ | | | | | | 0.4 | | 1273 |
| $Ba_{0.4}Sr_{0.6}PbO_3$ | Perov | | | | | 0.18 | | 673 |

Rhom:Rhombohedral / Z.B.:Zinc Blend / Diam:Diamond / Skutter:Skutterudite / Perov:Perovskite

**표 2-2** 소형 열전 냉각기의 용도, 종류 및 특징

| 용 도 | 제작회사 및 모델명 | 용량 및 사용 온도 |
|---|---|---|
| 피크닉 냉장기 | Koolatron (USA), Caddy | 34L, 26℃ 이하 |
| 냉장고 | kalamazoo (USA), Hylan RR50 | 46L, 30℃ 이하 |
| 군사용 냉장기 | Thermopool (USA), M-50B | 57L, 4℃+1℃ |
| 기체분석기용 제습기 | Komatzu Elec. (Japan), DH105 | 60L/s, 1℃ |
| 가변식 항온조 | Komatzu Elec. (Japan), DA600B | +/- 70℃ |
| 소형 에어컨 | Supercool (Sweden), LK03 | 30℃ 이하 |
| 산업용 에어컨 | Supercool (Sweden), AA100 | 0℃ |
| 산업용 에어컨 | TECA (USA), C400 | 0℃ |
| 열전발전기 | OTEG (Japan), RPG-1 | 5-10W |

여러 종류의 열전 재료들 중에서 현재 Bi-Te계, Pb-Te계, Si-Ge계 및 Fe-Si계 합금을 기본으로 하는 재료가 가장 널리 이용되고 있다. 이들 재료는 온도 구간에 따라 열전 성능에 차이가 있어 약 200℃ 이하에서는 Bi-Te계, 500℃ 정도까지는 Pb-Te계, 그 이상에서는 Si-Ge계 특성이 우수하다. 열전 재료의 연구는 1995년경부터 눈부신 발전을 거듭하여 불과 수년 사이에 열전 성능이 기존의 것에 비해 2~3배 정도 높은 재료들이 계속 개발되고 있어 열전 기술의 응용성 및 경제성을 높이고 있다.

열전 재료를 개발하기 위해서는 전자 구조나 포논 분산 등의 고체 물리학에서의 기본 개념을 잘 이해하고 이것이 열전 특성에 미치는 영향을 정확히 파악할 필요가 있다. 열전 재료의 성능을 나타내는 무차원 열전 성능 지수인 ZT를 로렌츠 수 $L = k_{el}/(\sigma T)$를 이용하여 변형하면 다음과 같은 식이 얻어진다. 여기서 kel는 전자에 의한 열전도도이다. 즉, $ZT = S^2\sigma T/(k_{el} + k_{ph}) = S^2\sigma T/(L\sigma T + k_{ph}) = S^2/(L + k_{ph}/\sigma T)$로 표현된다.

여기서 S, σ, L, $k_{ph}$은 각각 Seebeck 계수, 전기전도도, 로렌츠(Lorentz)수, 격자진동 (phonon)에 의한 열전도도를 나타낸다. 성능이

높은 열전 재료를 만들기 위해서는 상기 식에서 3가지 물리량 (S, σ, $k_{ph}$)의 지배인자를 자세히 이해할 필요가 있다. 일반적으로 이 3가지 물리량은 독립적으로 조절되지 않는 것으로 본다. 전기전도도, σ는 전자 구조와 전도전자의 산란기구에, Seebeck 계수, S는 주로 전자 구조에 격자의 열전도도 $k_{ph}$는 포논분산 및 포논산란에 의하여 지배된다.

열전발전은 기본적으로 온도 차를 이용하여 전기를 얻을 수 있는 발전 시스템이기 때문에 경제성을 고려하지 않는다면 지구상에 존재하는 어떤 종류의 열도 열원으로 이용할 수 있다. 그러나 경제성을 고려하면 열전 재료를 이용하여 전기를 얻기 위해서는 우선 변환효율이 우수한 성능의 열전 재료가 필요하다. 열전 재료의 성능은 열전 성능 지수로 평가하고 있으며, 열전 성능은 열전발전의 기본 성능으로 Seebeck 계수라 하며 열전 재료 양단간의 온도 차($\Delta$T)와 이때 발생하는 열기전력($\Delta$V)과의 관계를 나타내는 비례상수이다. 열전 성능 지수(Z : figure of merit)는 소자의 열전도율(κ), Seebeck 계수(α), 내부 저항과 소자의 저항률(ρ)을 조합한 값(Z)이며 $Z = \alpha^2/\rho\kappa$의 관계식을 가진다. 재료에 따라 Z 값은 특정 온도에서 최댓값을 나타내게 되는데 열전발전의 효율을 높이기 위해서는 가능하면 고온에서 사용 가능한 재료가 바람직하다. 이 경우 ZT로 불리는 무차원 성능값이 하나의 목표로 된다. 즉 Z값이 작아도 고온에서 사용 가능하면 ZT 효율은 높아지게 되는 것이다. 현재 실용화되고 있는 열전 물질은 ZT가 1과 2 사이에 있으며 최근 2 이상의 값을 나타내는 열전 물질도 개발되고 있다.

열전발전에서 큰 전력을 얻기 위해서는 우선 단위소자 양단간의 온도 차와 Seebeck 계수의 값이 커야 한다. 기하학적 형상측면에서는 소자 재료의 직경이 크고 길이가 짧으면 저항을 최소화할 수 있기 때문에 큰 전력을 얻을 수 있으며, 소자 재료에 불순물을 적절히 첨가함으로서 효율을 향상시킬 수도 있다. 열전발전의 효율을 높이기 위해서는 고온부 온도를 높이고, Z값이 큰 재료를 사용하여야 한다. 열전 효율 계수는 주어진 온도와 주위 연결부의 열 전달 특성에 영향을 받으며, 접합부의 평활도, 압착력 등에 의해서 크게 변하므로 주어진 온도 범위에서 가장 우수한 특성을 나타내는 재료를 선택하여야 높은 발전 효율을 얻을 수 있다.

열전 에너지 변환 소재의 본격적인 응용 및 산업화를 위해서는 소재 제조 기술과 소자제작 기술의 각 분야별 요소 기술이 요구되고 있다. 소재제조 기술로는 덩어리(bulk) 성장법이 이미 기술적으로 성숙되어 상용화 되었으며, 현재는 나노 기술과 접목된 초격자, 양자점 형성 등의 성장 기술에 대한 연구 개발이 진행되고 있다. 또한 기존의 열전 소재를 이용한 응용 기술이 매우 활발히 진행되고 있는데, 에너지의 유용한 활용, 열전 모듈의 제작 방식 개선을 통한 효율 증대 및 전자소자와의 결합 시스템, 열전 센서 등의 부분에 널리 적용되고 있으며 그 응용 분야를 점차 확대하고 있는 추세이다. 열전 에너지 변환 기술에는 소재 기술, 소자 제작 공정 기술로 구분하고, 응용 기술에서는 에너지 재생, 열전 모듈, 열전 센서 기술로 구분할 수 있다.

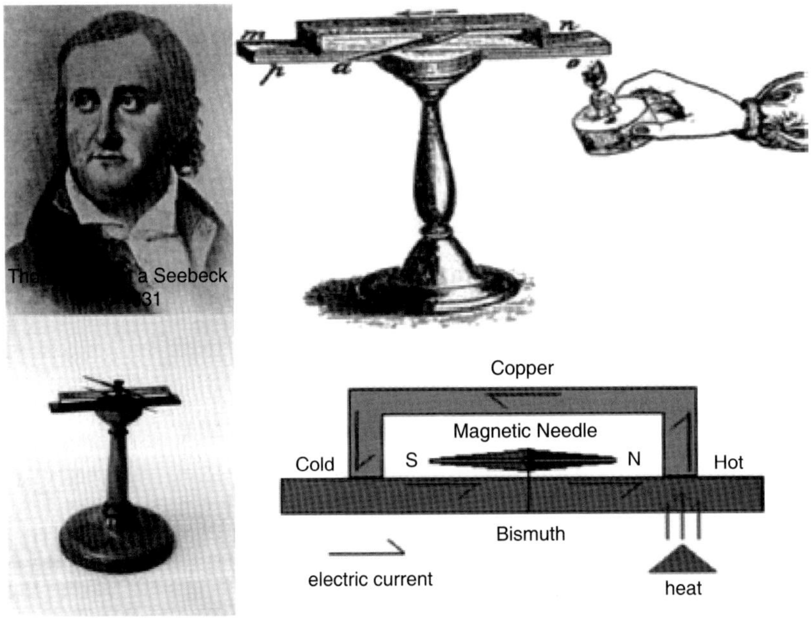


**그림 2-4** Seebeck의 열전 효과 실험 장치

Seebeck은 〈그림 2-4〉에서와 같이 비스무스(Bi)와 구리(Cu)를 연결하고 그 안에 나침반을 배치하였다. 이 장치에서 비스무스의 한쪽을 뜨겁게 가열하면 온도 차이로 인하여 반시계 방향으로 전류가 유도되며, 이 유도 전류로 인하여 발생하는 자기장이 아래의 나침반에 영향을 미쳐 나침반의 방향이 변화하는 것으로 열전 효과를 처음으로 규명하였다. 이후 1950년대에 들어서면서 반도체 재료의 발견과 더불어 산업에 널리 적용되고 있는 기술이며 가장 광범위하게 사용되는 물질은 $Bi_2Te_3$를 이용한 열전소자이다. Seebeck 효과는 아래 식과 같이 기술된다.

$$\alpha = \frac{\Delta V}{\Delta T}[\mu V/K]$$

여기서 α는 Seebeck 계수라 불리는 값으로 단위 온도 차에서 유도되는 전압을 의미한다. 일반적으로 금속재료에서는 ~수 μV/K의 아주 작은 값을 가지며, 반도체에서는 ~수백 μV/K의 값을 가진다. 이 Seebeck 계수의 값이 클수록 열전 효과에 의하여 발생하는 기전력이 커지므로 좋은 열전소자가 된다. 온도 차이가 있는 경우, 저온부의 온도가 $T_L$이고 고온부의 온도가 $T_H$이며, 열전 효과를 위하여 사용되는 물질의 열전도도가 κ, 전기전도도가 σ라면, 열전 성능 지수 ZT는 아래 식과 같이 표현된다.

$$ZT = \frac{\alpha^2 \sigma T}{\kappa}$$

여기서 T는 고온부와 저온부의 평균 온도, 즉 $T=(T_H+T_L)/2$ 이다. ZT는 Seebeck 계수의 제곱에 비례하는 값이므로, 높은 열전 효과를 위해서는 당연히 ZT의 값이 클수록 좋은 것임을 알 수 있다. 높은 ZT를 위해서는 전기적인 전도도가 높으면서 열전도도는 낮은 물질이 이상적이다. 일반적으로 널리 사용되는 반도체 재료인 실리콘의 경우에는 전기적인 전도도가 150 $W/cm^2K$에 달하며, 이로 인하여 상온에서의 ZT는 0.01에 불과하다. 한편, 널리 사용되는 $Bi_2Te_3$인 경우에는 ZT가 상온에서 1에 근접한다. 가장 이상적인 열전 소재로서는 유리처럼 낮은 열전도도와 결정처럼 높은 전기전도도를 가지는 물질, 즉 PEGC (Phonon - Glass / Electron - Crystal)의 특성을 가지는 물질이라 할 수 있다. 〈그림 2-5〉는 현재까지 개발된 여러 재료들의 온도에 따른 ZT 특성을 나타내고 있다.

〈그림 2-5〉에서 $Bi_2Te_3$ 물질의 경우 ZT의 최댓값은 약 400K에서 0.9부근의 값을 나타내고, SiGe인 경우는 1,200K 부근에서 0.9의 값을 가지는데, 이 때문에 SiGe을 이용한 열전소자는 방사성동위원소를 이용한 고온에서 동작하는 열전소자에 적합하며, 주로 태양계에서의 우주선 및 탐사로봇 등의 우주 산업 분야에 주로 적용된다. 한편, 열전도도인 κ를 좀 더 자세히 살펴보면 $\kappa = \kappa_e + \kappa_l$로 표현된다. 즉, 열전도도는 금속이나 반도체의 경우에 많이 분포하는 자유전하(전자나 정공)에 의한 값과 격자진동에 의한 열전도도로 나누어 표현할 수 있다. 금속의 경우는 $\kappa_e$가 열전도도를 결정하는 인자이며, 매우 높은 자유전하의 밀도로 인하여 금속의 열전도도는 일반적으로 매우 큰 값을 갖는다. 이로 인하여 금속의 경우 Seebeck 계수는

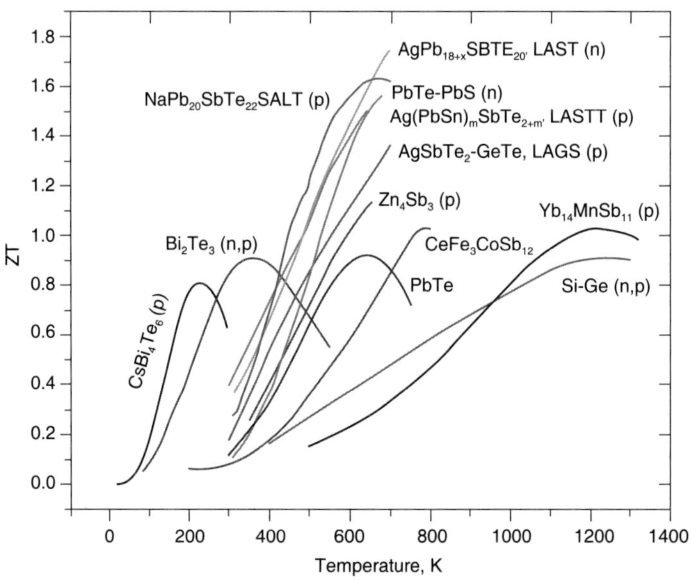


**그림 2-5** 온도에 따른 열전 재료들의 ZT 특성

앞에서 언급한 바와 같이 ~수 μV/K의 값을 가지는 것으로 알려져 있다. 부도체의 경우에는 자유전하 밀도가 매우 낮아 주로 격자진동인 $\kappa_l$에 의하여 열전도도가 결정된다.

한편 반도체의 경우에는 전하 운반자 및 격자진동 모두가 열전도도에 영향을 미치는 경우에 해당된다. 금속의 경우 열전도도와 전기전도도 사이의 관계는 "Wiedemann-Franz law"에 의하여 다음 식과 같이 표현된다.

$$\frac{\chi_e}{\sigma T} = L$$

여기서 L은 "Lorentz number"라 불리는 값이며, $(157\mu V/K)^2$의 값을 가진다. 상기 식에서 알 수 있듯이 금속의 경우, 열전도도와 전기전도도의 사이에는 비례 관계에 있으므로, ZT의 값을 인위적으로 조절하기가 힘들다는 것을 알 수 있다. 한편 반도체의 경우에는 높은 ZT의 값을 위하여서는 전기전도도는 최대로 높이면서 열전도도에서는 격자진동을 통한 열전도도가 자유전하에 의한 열전도도보다 작게 설계 ($\kappa_e \gg \kappa_l$) 하는 것이 바람직하다. "Wiedemann-Franz law"을 사용하여 최대의 ZT 값은 다음 식과 같이 간략히 표현할 수 있다.

$$ZT^{Max} = \frac{\alpha^2}{L}$$

상기 식에서 ZT 값에 따른 가능한 최대의 Seebeck 계수(α) 값을 유추할 수 있다. 즉, 만약 $ZT^{Max}$ = 1이라면, 이론적으로 가능한 최대의 α 값은 L 값이 된다. 즉, 최대의 α 값은 157 μV/K의 값을 가질 수 있으며, 이 때 발전 가능한 최대의 전력 밀도, $P_d^{Max}$는 다음과 같이 유도된다. 전력 밀도(열전 효과에 의하여 발생하는 단위 면적당 전력의 크기)는 유도되는 기전력 V와 이때 흐르는 전류 밀도 J의 곱으로 나타내며, 열전 특성 변수로 표현하면 다음 식과 같이 정리된다.

$$P_d^{Max} = \alpha^2 \cdot \sigma \cdot \frac{\Delta T^2}{d}$$

상기 식에서 $\alpha^2 \cdot \sigma$는 power factor로 불리는 값으로 열전소자 모듈이 생산하는 전력 밀도를 평가할 때 사용되는 중요한 성능 지수이며, d는 고온부와 저온부 사이의 거리를 나타낸다.

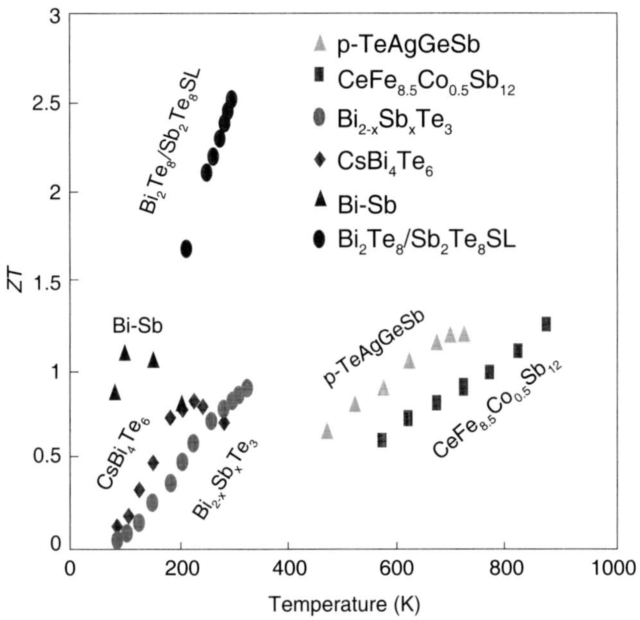


그림 2-6 다양한 초격자 구조에 따른 ZT 값 상승

지금부터는 열전 소재 연구 동향에 대해 살펴보도록 한다. 1993년 Dresselhaus교수는 열전 소재를 양자점 및 초격자 구조로 설계 제조함으로써 열전 성능의 향상을 이룰 수 있다는 것을 이론적으로 제시하였다. 이러한 이론은 최근의 나노과학 기술의 발전과 더불어 많은 관련 과학자의 주목을 받게 되었고, 현재 열전 소재의 개발에 관한 많은 연구는 나노 기술과 관련된 내용이 주류를 이루고 있다. 나노 구조체의 고효율 열전 재료에 관한 실제 연구 개발은 2001년 p-type $Bi_2Te_3/Sb_2Te_3$ superlattice를 이용하여 실온에서 열전 성능 지수를 2.6까지 향상시킨 연구 결과를 〈그림 2-6〉에서와 같이 발표한 이후로 많은 연구가 시작되었다. 〈그림 2-6〉에서와 같이 bulk에서의 높은 ZT를 가지는 $Bi_2Te_3$ 및 $Sb_2Te_3$을 초격자 구조로 형성하는 경우에는 현재까지 보고된 결과로서는 최고의 ZT값을 달성할 수 있다. 그러나 초격자 구조는 실용화 측면에서 해결하여야 하는 문제들이 많이 남아 있다.

다음으로는 실리콘을 기반으로 한 열전 소자의 최근 연구 동향에 대하여 살펴보도록 하겠다.

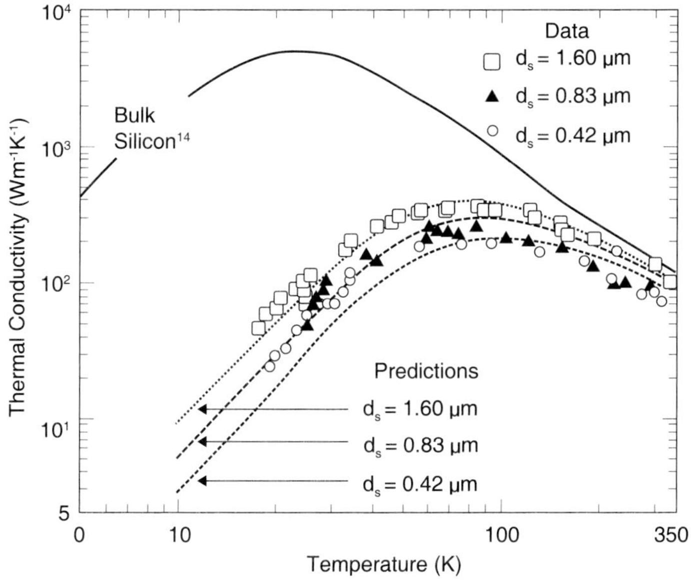


**그림 2-7** SOI 기판의 온도에 따른 열전도도 특성

〈그림 2-7〉은 SOI (Silicon on Insulator) 기판의 두께를 줄였을 경우 bulk 실리콘과 비교하여 열전도도의 감소가 가능하다는 결과를 보여준다. 즉, 실리콘의 두께가 얇아질수록 경계면에서의 산란에 의하여 phonon의 전파가 점차 어려워짐을 알 수 있다. 〈그림 2-7〉에서 SOI의 경우 상온에서는 bulk의 경우와 열전도도의 차이가 크게 없지만 저온에서는 10배 이하의 값을 가짐을 알 수 있다. SOI의 두께를 100 nm 이하로 줄이는 경우에는 상온에서도 상당한 수준으로 열전도도를 감소시킬 수 있다.

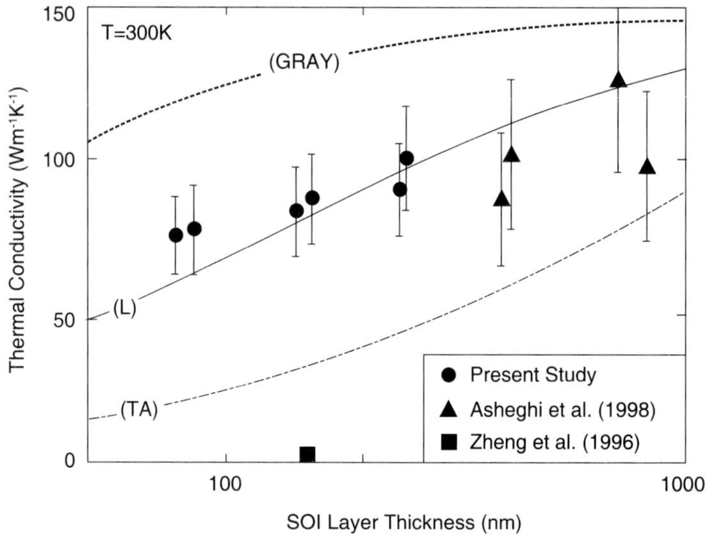


**그림 2-8** 300K에서 SOI 두께에 따른 열전도도의 변화

〈그림 2-8〉은 상온 300K에서 SOI의 두께에 따른 열전도도 특성을 보여주고 있다. 〈그림 2-8〉에서 SOI의 두께가 100 nm 이하로 줄어들게 되면 열전도도는 50 W/mK으로 근접하게 되며, bulk 실리콘의 약 1/3 수준으로 감소하게 된다. 열전도도의 주된 감소 원인은 transverse optical phonon의 생성이 어려워지기 때문이다.

〈그림 2-9〉는 실리콘 및 Si/SiGe의 나노선에서의 열전도도의 변화를 보여주고 있다. 우선 (b)의 경우를 보면 실리콘 나노선의 직경이 점차로 줄어듦에 따라서 실리콘 나노선의 열전도도가 점차로 감소하고 있음을 알 수 있다. 실리콘 나노선의 직경이 22nm인 경우에는 열전도도가 약 10 W/mK까지 감소된다. 이는 bulk 실리콘의 약 1/15 수준이다. 또한 (a)와 같이 Si/SiGe의 이종 접합 구조의 나노선의 경우에는 직경이 58 nm인 경우에도 불구하고 300K에서 약 6W/mK로 감소된다. 이렇게 이종 접합 구조에서 열전도도가 감소되는 원인은 질량이 낮은 실리콘 나노선에서 상대적으로 질량이 큰 SiGe 나노선으로 phonon이 전파되기가 어렵기 때문이다. 이종접합의 경우 질량비에 따른 투과도의 변화는 〈그림 2-10〉에서 좀 더 상세히

알 수 있다. Phonon의 투과율 계산은 atomistic green function을 기초로 한 tool을 사용한 것이다.

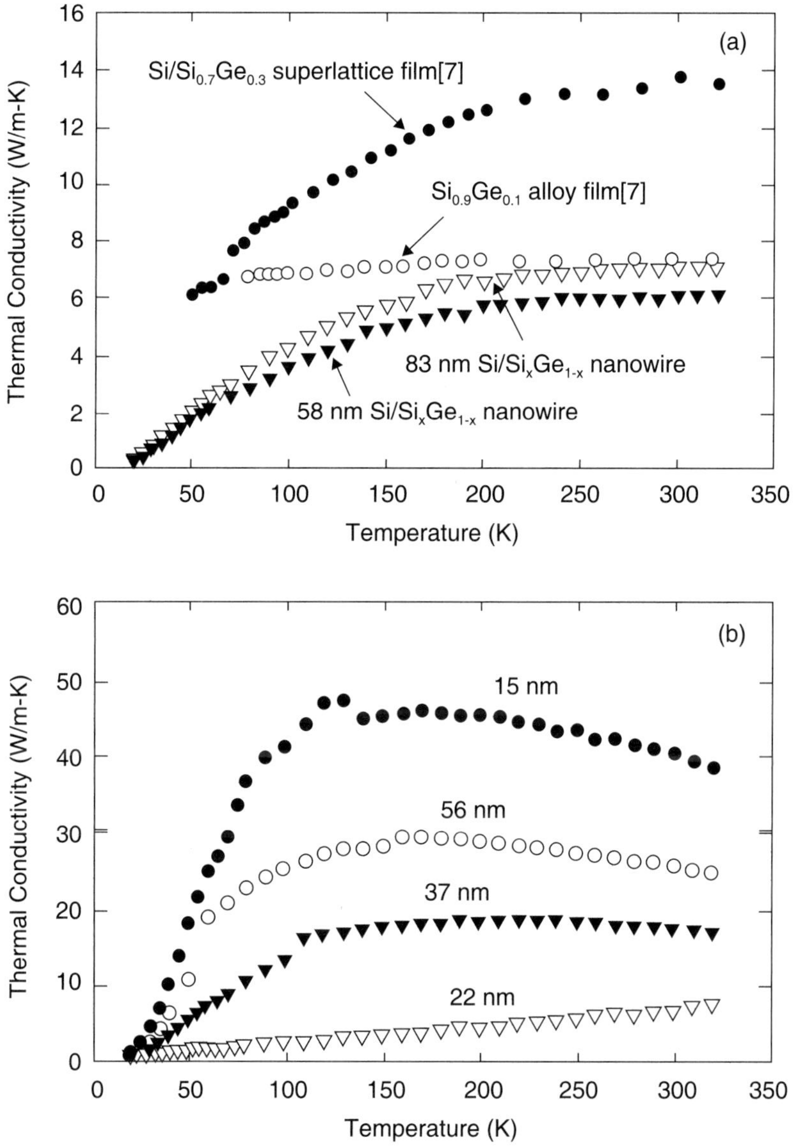


(a) 여러 가지 초격자 필름과 나노선의 온도에 따른 열전도도
(b) 실리콘 나노선의 온도에 따른 열전도도

**그림 2-9.** Si/SiGe 초격자 필름과 나노선의 열전도 특성

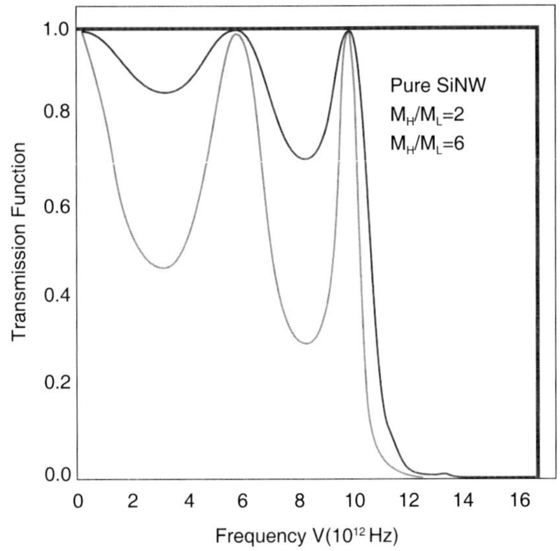


**그림 2-10** 나노선에서 질량비에 따른 Phonon의 투과율

〈그림 2-10〉에서와 같이 순수 실리콘 나노선의 경우와 비교하여 질량비가 2인 경우에는 투과율이 약 50%이며, 질량비가 6인 경우에는 약 30% 정도의 투과율을 가짐을 알 수 있다. 따라서 Si/SiGe과 같은 이종접합의 나노선 구조가 열전도도의 감소에 매우 효과적임을 알 수 있다. CVD로 성장한 실리콘 나노선의 경우, 열전전도를 1/100 배 이하로 줄일 수 있고, 이에 따라서 ZT 〉 1 이상의 특성을 보이는 것으로 보고됨에 따라서 새로운 열전소자의 물질로서 활발히 연구가 진행되고 있다.

〈그림 2-11〉은 미국 Berkeley 대학의 Peidong Yang 교수 그룹에서 2008년 Nature지에 보고한 CVD로 성장한 단결정 실리콘 나노선에서의 열전 특성이다. 〈그림 2-11〉에서 CVD로 성장한 나노선의 열전도도는 bulk의 경우와 대비하여 약 1/100 정도의 수준으로 감소하였음을 알 수 있다. 또한 이 경우의 ZT는 0.5를 상회하며, power factor는 3 mW/m · $K^2$ 임을 알 수 있다. 한편, Caltech의 James Heath 교수 그룹에서도 Peidong Yang 교수 그룹과 동시에 실리콘 나노선을 이용한 열전소자의 특성을 보고하였다. Heath 교수 그룹에서도 실리콘 나노선의 열전도도는 나노선의 단면이 줄어들수록

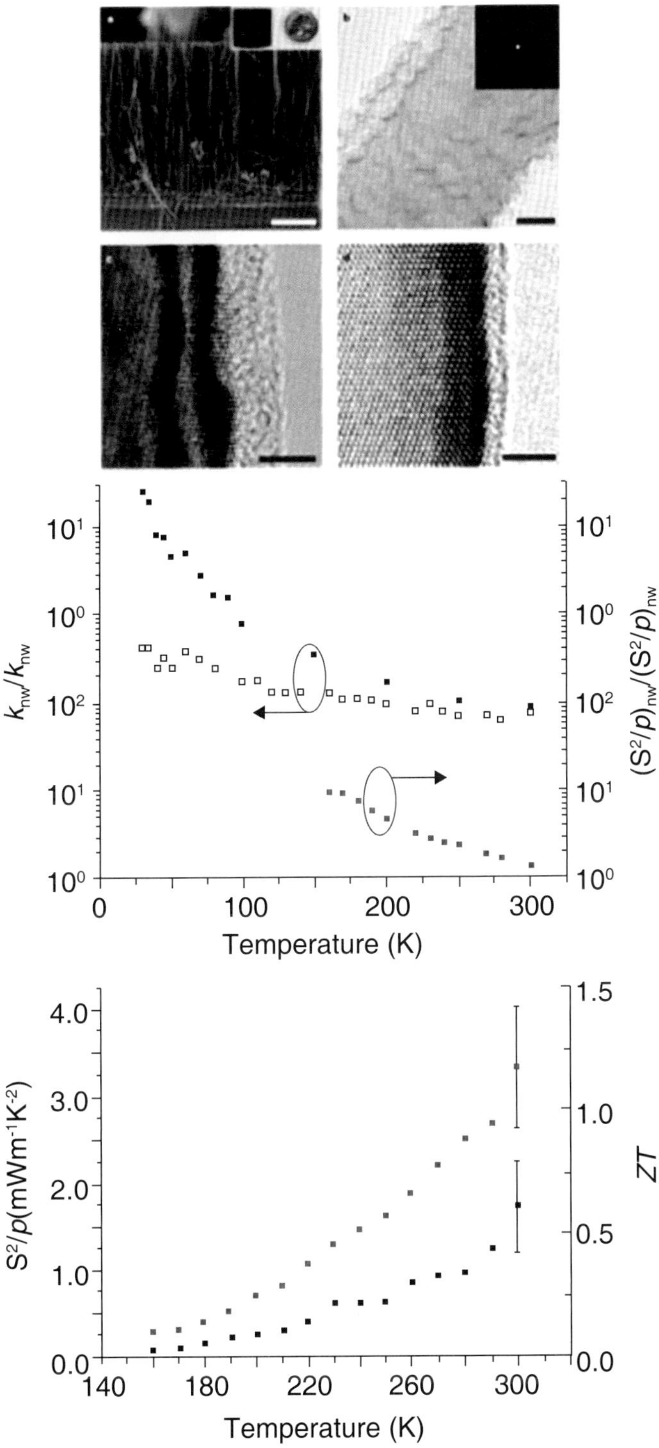


**그림 2-11** CVD로 성장한 실리콘 나노선에서의 열전소자

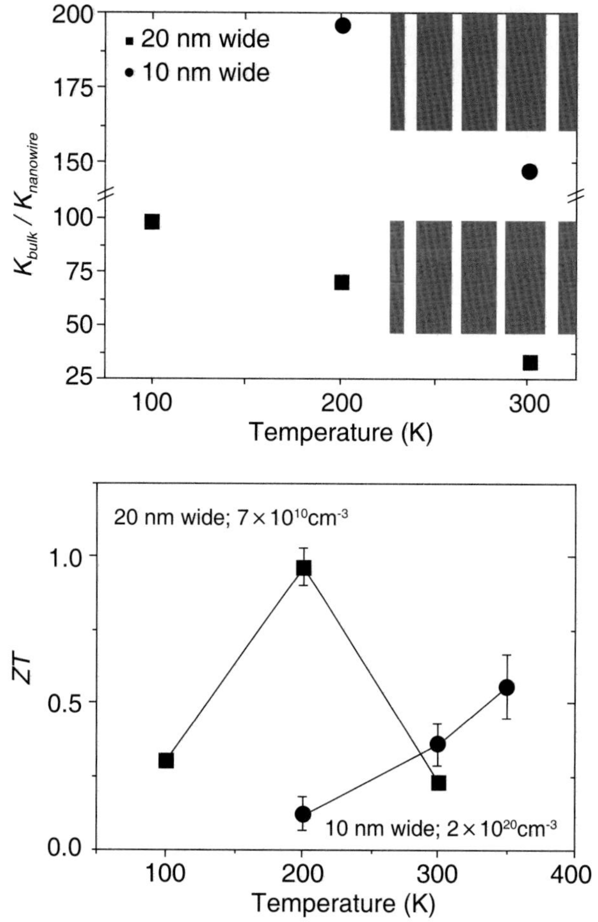


**그림 2-12** CVD로 성장한 실리콘 나노선에서의 열전소자

급격히 감소하는 결과를 얻었으며, 특히 10nm의 나노선의 경우에서는 bulk 실리콘 대비 최대 1/200까지 감소시킬 수 있음을 보고하였다. ZT의 경우에는 200K에서 20nm의 나노선의 경우 최대 1.0에 해당하는 결과를 얻었다.

〈그림 2-11〉 및 〈그림 2-12〉의 결과를 보면, 기존의 bulk 실리콘의 경우는 ZT가 0.01 이하의 낮은 값을 가짐으로 인하여 열전소자로서의 응용성이 없는 것으로 인식된 것에 반하여 나노선 형태의 열전소자로서는 충분히 실용성이 있는 소재임을 알 수 있다. 이상에서 화합물 및 실리콘을 중심으로 열전소자의 최근 연구 동향에 대하여 살

펴보았다.

새로운 구조의 열전 소재에 대한 연구 동향을 살펴보자. 열전 냉각용 및 열전발전용 소자의 실용적인 활용을 위해서는 무엇보다도 원재료의 개발이 가장 핵심적이라고 할 수 있다. 기존에 상용화된 Bi-Te계 열전 재료는 상온 근방에서 열전 성능이 최고 1정도이며, 주로 분말야금 등의 방법으로 덩어리 형태로 제조되어지고 있다. 근래에 들어 자동차 엔진 등의 고온 발열부의 열에너지를 회수하고자 하는 시도의 일환으로 고온 열전 소재에 대한 관심이 증폭되고 있다. 기존의 벌크 재료 이외에 세라믹 산화물, Skutterudites, Clathrates, Half-Heusler 등과 같은 새로운 형태의 열전 재료에 대한 개발이 진행되고 있다.

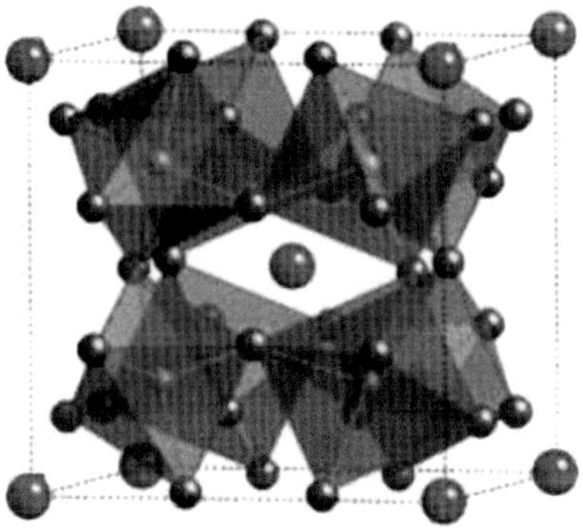

**그림 2-13** Skutterudites 열전 소재의 구조

Skutterudites 구조의 재료는 $RM_4X_{12}$의 형태로 표현된다. 여기서 R은 Co, Rh 또는 Ir을 비롯한 희토류 금속, M은 Fe, Ru, Os 등 천이금속, X는 P, As, Sb 등 니코겐 (pnicogen) 원소를 의미한다. 단위격자 내에서의 이들 원소 위치를 그림에 나타내었다. 〈그림 2-13〉과 같은 각각 분리된 격자 구조에서 희토류 원소는 포논의 산란을 유발하여 열 전달을 억제하는 역할을 하게 되고, 이로 인해 재료의 열전 성능 지수는 향상된다. 대표적으로 $CeFe_{3.5}Co_{0.5}Sb_{12}$는 900K 근방에서 약 1.35의 열전 성능 지수 값을 가지는 것으로 보고되었다.

원자가 화학결합에 의하여 3차원 골격 구조를 만들고 그 격자 내에 적당한 크기의 틈이 생길 때 다른 원자 또는 분자가 화학결합에 의하지 않고 들어가서 거의 일정한 조성의 결정구조가 되는 물질로 알려지는 <그림 2-14>와 같은 포접화합물(Clathrates compound) 또한 유망한 열전 소재로 제시되고 있다. $Ba_8Ga_{16}Ge_{30}$은 대표적인 포접 구조를 갖는 열전 재료로 900K에서 열전 성능 지수가 1 이상으로 보고되고 있다.

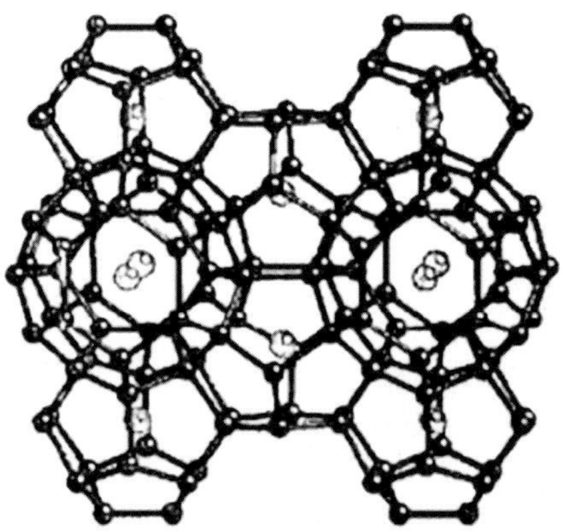

**그림 2-14** Clathrates 열전 소재의 구조

나노 구조체의 고효율 열전 재료에 관한 실제 연구 개발은 p-type $Bi_2Te_3/Sb_2Te_3$ 초격자를 이용하여 실온에서 열전 성능 지수를 2.4까지 향상 시킨 연구 결과를 발표한 이래로 많은 연구자들의 새로운 관심을 유발하고 있고, 재료의 개발에서부터 초격자, 나노선, 나노점등의 구조를 이용한 고효율 열전 소재의 개발을 활발히 추진하고 있으며 Si 과 Ge에 탄소를 첨가한 초격자 구조로 40μm 크기의 미소 냉각 소자의 제작도 보고되었다. 현재 이러한 나노구조의 열전 소재는 분자선 에피텍시(MBE : Molecular Beam Epitaxy) 유기 금속 화학 증착법(MOCVD : Metal Organic Chemical Vapour Deposition) 등의 방법으로 제조 되고 있으며 실험실 수준의 성공 후 상용화에는 다소 시간이 걸릴 것으로 여겨지며 저가 제조 공정 개발 또한 이루어져야 할 과제이다.

최근의 열전 반도체 연구는 벌크, 박막의 형태는 물론이고, 금속계, 산화물계 등 소재의 종류 면에서나 다양한 양상을 보여주고 있으면서도, 기존의 재료에 비해 탁월한 성능을 지니고 있어 열전 기술의 미래에 밝은 전망을 던져주고 있다. 열전발전이나 열전 냉각에 사용되는 전형적인 벌크 형태의 열전 물질로 최근 개발된 것에는 $CoSb_3$ 화합물에 Ce, Pt 등을 첨가한 filled skutterudite계, $Sr_4Eu_4Ga_{16}Ge_{30}$을 일례로 하는 clathrate계가 있다. 이들 금속계를 기본으로 하는 소재 외에, 최근 일본에서 개발된 코발트, 칼슘의 복합 산화물계는 비록 고온에서 사용해야 한다는 단점에도 불구하고 금속계보다 현저하게 높은 열전 성능을 가지고 있어 열전발전의 발전에 크게 기여할 것으로 예상되고 있다. 이외 일본과 러시아 과학자들이 주목하고 있는 소재로 $FeSi_2$계 열전 재료가 있다. $FeSi_2$는 그 자체로는 비록 효율이 매우 낮은 재료이지만 재료의 가격이 워낙 저가이면서도, 적절한 첨가제를 넣어 tunnelling 현상 등의 신 기술을 활용하면 기존의 소재와 유사한 성능을 낼 수 있어 대규모 고열원이 존재하는 철강산업, 화력발전소 등에서 활용이 기대되고 있다.

열전 재료의 최신 동향 중에서 중요한 것 중의 하나가 열전 박막 또는 열전 나노 기술이다. 열전 박막의 개발은 열전 소재를 각종 센서나 미소 부위의 냉각이나 발전에 사용될 수 있어 첨단 전자산업에 큰 응용성이 있다. 현재 연구되는 열전 나노 박막 기술에는 quantum well, quantum dot, quantum wire 등과 열전 온도 감지 센서가 있다. 한편 이러한 신소재의 연구뿐 아니라 기존의 소재들도 조성이 다른 2종 또는 수종의 열전 소재를 연속적으로 접합하는 경사 기능화 기술 등을 적용함으로써, 그 성능을 크게 향상시키고 있다. 이러한 다양한 열전 반도체 신소재 기술의 발달로 최근 열전 반도체의 성능 지수는 그 효율이 자동차의 엔진 효율에 거의 육박해 가고 있어, 열전 기술의 대량 상업화가 가시권에 들어오고 있다.

최근 열전 연구 동향은 크게 두 가지 방향으로 구분되며, 첫 번째로는 Bi 나노선 등 초임계 나노선에서 나타나는 양자 구속 효과를 이용하여 열전 성능 지수를 향상시키는 방법이며, 또 다른 방향은 벌크 나노 복합재에서의 열에너지 캐리어의 산란을 통하여 열전도도를 감소함으로써 열전 성능 지수를 향상시키는 방법이다. 이론적 예측에 의하면 1차원 나노선이 양자 구속 효과로 인하여 양자 우물 구조인 초격자 박막에 비해 더 큰 열전 성능 지수의 증가를 가져 올 수 있을 것으로 예측되고 있다.

현재 나노선 기반의 열전소자 연구는 MIT, UC Berkeley, Caltech 등 미국 대학을 중심으로 Si, Bi, $Bi_2Te_3$ 등에 대하여 연구되고 있다. MIT 대학의 Dresselhaus 교수팀은 Bi 나노선의 열전 특성 측정에 관하여 꾸준한 연구를 해오고 있다. 우선 Bi 나노선 어레이 제작을 위하여 산화알루미늄($Al_2O_3$)을 이용하여 직경 7~100nm, 길이 50μm의 일정한 벌집형태의 다공성 채널을 제작하고, Bi나 $Bi_2Te_3$ 같은 열전 물질을 전기화학 도금법으로 성장시켰다. 그러나 이러한 방법으로 제작된 나노선은 제조방법의 한계로 인하여 다결정 특성을 지녀 양자구속효과를 관찰할 수 없다는 단점을 가지고 있어 Bi 나노선의 열전 특성 규명에는 부적합하였다. 또한 압력 주입법(Pressure Injection Method)의 경우 산화알루미늄 템플레이트에 내부 채널에 성장시키고자 하는 물질을 액상으로 넣어 굳히는 방법으로, 이 방법은 전기화학 도금법과는 달리 단결정으로 나노선을 성장시킬 수 있다는 장점을 가지고 있으나, 단일 나노선이 아닌 어레이 형태의 나노선 묶음의 2단자 측정만 가능하여 단일 나노선의 열전 특성을 규명하는 데는 한계를 가지고 있다. 한편 Bi 나노선을 Bi 박막에서 열처리시 박막에 유도된 압축응력에 의한 성장법은 매우 뛰어난 단결정성을 가지고 있음이 보고되었다.

그 동안 벌크 Si의 경우 전기전도도가 매우 커서 높은 열전 성능 지수를 기대하기 힘들기 때문에 Bi나 $Bi_2Te_3$와 같이 활발한 연구가 진행되지는 않았다. 그러나 UC Berkeley의 A. Majumdar 교수팀과 Caltech의 J. Heath 교수팀은 각각 독립적으로 Si 나노선의 열전 특성이 나노선의 표면 거칠기 조절과 도핑 농도를 조절함으로써 크게 향상된다는 것을 실험적으로 규명하였다. UC Berkeley의 A. Majumdar 교수팀은 Si 나노선을 Electroless Etching법을 사용하여 표면이 거칠은 Si 나노선을 제조하였으며, 열전도도를 측정하였다.

그 결과 표면이 거칠은 Si 나노선의 경우 Si 나노선에 비하여 열전도도 값이 약 100 이상 감소함을 확인하였다. 또한 Caltech의 J. Heath 교수팀은 Superlattice Nano-wire Pattern Transfer (SANP)법을 이용하여 불순물 농도가 조절된 단결정 Si 나노선을 제조하였으며, 나노선의 크기와 불순물 도핑 수준(impurity doping level)을 조절하여 벌크 Si에 비하여 약 100배 이상 증가된 열전 성능 지수를 가짐을 확인하였다. 비록 Si 나노선은 다른 열전 물질에 비하여 낮은 열전 성능 지수를 가지지만 Si의 경우 저가의 열전 재료라는 점과 나노선 구조에서 열전도도뿐만 아니라 전력인자(thermoelectric power)를 조절할 수 있다는 점을 실험적으로 구현하였다는데 그 의의가 매우 크다.

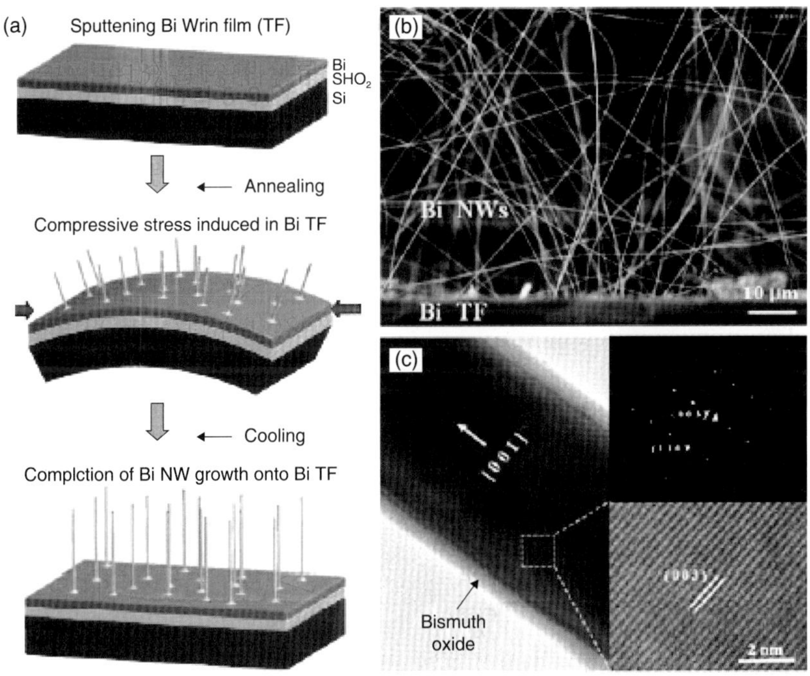


(a) 열처리를 통한 단결정 Bi 나노선의 성장
(b) 성장된 단결정 Bi 나노선의 주사전자 현미경 이미지
(c) 단결정 Bi 나노선의 투과전자현미경 이미지와 전자회절 패턴

**그림 2-15**

MIT 대학의 Dresselhaus 교수의 이론적 예측 논문이 발표된 이 후, 열전 재료 연구에서 비약적인 열전 성능 지수의 향상을 이룩했지만, 그 원인은 이론적 예측과 달리 열전도도(k)의 감소로 인한 열전 성능 지수의 증가를 통해서였다. 이러한 열전도도의 감소는 나노재료 삽입에 의한 표면적 증가 즉, 초격자 박막의 계면(interface)이나 나노선의 경계(boundary)가 열에너지 캐리어인 포논을 산란시켜서 열전도도를 감소시킨 데 기인한다. 재료 내의 표면적을 극대화시켜 열전도도 감소를 최대화시키기 위해서 벌크 재료에 나노 입자를 포함한 나노 복합 재료에 관한 연구가 기대를 모으고 있다.

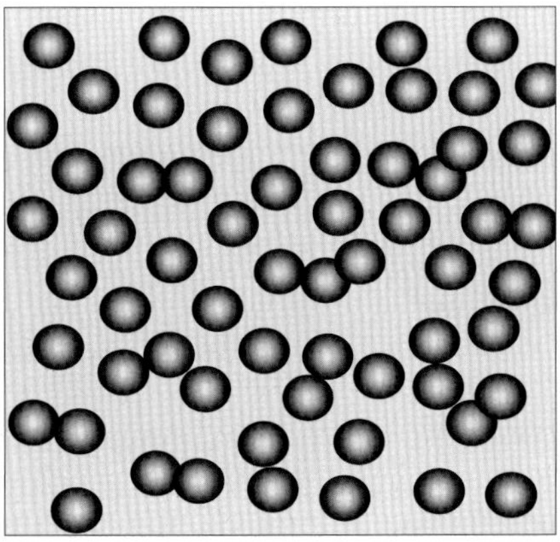

**그림 2-16 벌크 나노 복합재를 나타낸 구조도**

〈그림 2-16〉은 벌크 나노 복합재를 나타낸 그림이다. 〈그림 2-16〉에서 나타낸 바와 같이 기존의 높은 열전 성능을 지닌 벌크형 열전 재료에 나노 입자를 복합화시켜 열전도도를 낮춤으로 해서 열전 성능 지수를 높이고자 하는 것이 근래의 열전 연구 동향 중의 하나이다. 이와 관련된 연구로는 2001년에 $Bi_2Te_3/Sb_2Te_3$ 초격자 박막 재료를 이용하여서 상온에서의 열전 성능 지수 2.4를 기록한 결과가 발표되었다. 2002년에는 $PbSe_{0.98}Te_{0.02}/PbTe$ 양자점 초격자 박막을 이용하여서 상온에서의 열전 성능 지수 1.6을 기록한 결과가 발표되었다. 또한 2004년에는 $AgPb_xSbTe_{2+x}$ 나노 복합재를 이용하여서 800K에서 열전 성능 지수 2를 달성하였다. 또한, $Si_xGe_{1-x}$ 합금을

나노 복합재로 만들어서 성능을 높이고자 하는 연구도 진행 중이다. 기존의 상용화된 열전 재료는 벌크 재료이고, 벌크 재료에 대한 인프라는 이미 구축되어 있으므로, 고효율의 벌크 나노복합재의 이용은 산업화 가능성을 높일 수 있는 방법이라 여겨지고 있다.

본 장에서는 간략하게 열전 성능 지수 향상을 위한 최근 연구 동향에 관하여 논의하였다. 혁신적인 에너지 변환 시스템을 구현하기 위해서는 열전 성능 지수가 3 정도는 되어야 하는데, 1950~1960년대 벌크 열전 반도체의 열전 성능 지수는 상온에서 약 1정도에 불과하여 기존의 에너지 변환 시스템을 대체하기에는 역부족이었다. 그러나 2000년대 들어 나노 재료를 응용함으로써 열전 성능 지수의 비약적인 발전을 이루고 있으며, 양자 구속 효과에 의한 $S^2\sigma$의 증가를 통한 열전 성능 지수 향상을 도모하는 나노선 열전 재료에 관한 연구와 함께 포논의 산란을 통한 열전도도 감소를 극대화시킨 벌크형 나노 복합재를 통하여 열전 성능 지수 3 이상의 재료 개발이 가능할 것이라 예측되고 있다. 하지만, 현재의 열전 성능 지수 1.5 정도만으로도 자동차 폐열 회수 분야에서는 충분한 경쟁력을 지니므로, BMW, GM, VW, Pratt & Whitney 등 기업들이 상업화에 박차를 가하고 있는 실정이다. 이러한 초고효율 열전 재료의 개발은 21세기 에너지 변환 시스템의 새로운 지평을 제시할 것으로 기대되고 있다. BMW에 탑재된 열전발전기 구성도를 〈그림 2-17〉에, 자동차 배기구 주위에 설치된 열전소자 모듈을 〈그림 2-18〉에 나타내었다.

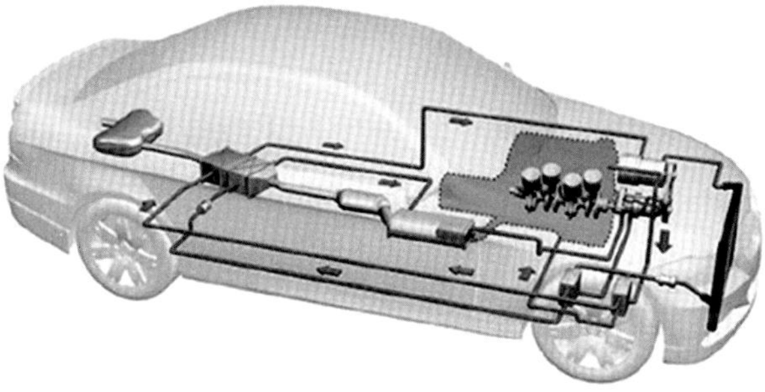

**그림 2-17** BMW에 탑재된 열전발전기 구성도

그림 2-18 자동차 배기구 주위에 설치된 열전소자 모듈

제 3 장

# 열전 재료의 응용 기술

열전 재료를 이용한 전자 냉각 소자는 컴프레서나 냉매를 사용하지 않는 반도체 소자 방식에 의한 것으로 열응답 감도가 높고 무소음, 무진동이며 구조가 간단하고 신뢰성이 높으며, 회로의 국부적 부위에 대한 선택적인 냉각이 가능하다. 이에 따라 고집적 IC를 비롯한 전자 부품의 국부 냉각 장치, 적외선 소자용 냉각 장치, 광통신 LD모듈의 정밀 온도 제어 장치, DNA 증폭기 등의 과학 · 의료용 항온장치, 반도체 chiller, 가스 검출 소자용 냉각 장치, 자동차용 냉 · 온장고, 냉정수기, 김치냉장고 등과 같이 다양한 제품에 적용되고 있다. 열전 현상을 응용하는 소자는 주로 Bi-Te계 화합 물질로 대부분 제조하여 컴퓨터의 CPU 냉각기, 냉온 정수기, 차량용 카시트, 캔쿨러 등에 적용되고 있다. 기존의 벌크 재료의 열전 냉각 효율은 약 8% 정도이며, 발전용 소자의 경우 효율은 약 4% 정도이다. 〈그림 3-1〉에 열전 변환 원리를 나타내었다.

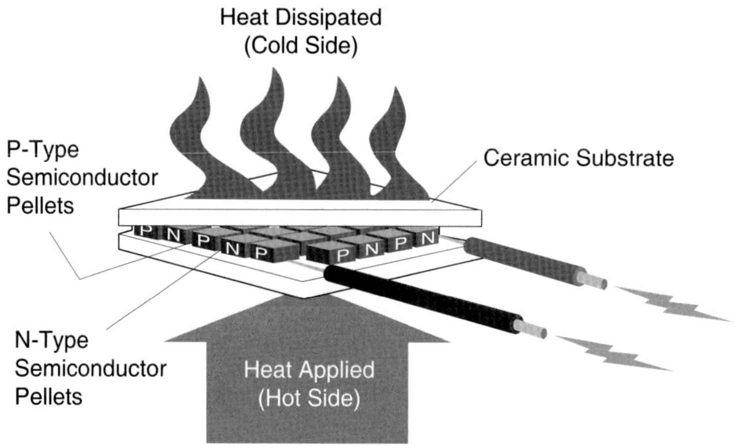


**그림 3-1 열전 변환 원리**

그러나 나노 구조의 열전발전 소자는 기존의 벌크 재료로 만들어진 소자에 비해 약 2배 이상의 변환 효율을 지닌 것이 보고된 후, 에너지 변환 효율을 향상시키는 소자를 개발하고 있다. 특히 고온의 열을 회수하여 발전에 응용할 경우 각 온도대별로 가장 우수한 열전 성능 지수를 가진 재료를 배열하는 다층 구조의 열전소자 제조 기술이 2000년 이후 개발되었으며 현재 약 10% 이상의 변환 효율을 지닌 것으로 확인되고 있다. 한편 온수기나 풍로 등 가스 연소에 의해 100℃ 이상의 과열 증기와 전기를 동시에 발생시키는 열교환기에 적용되는 파이프형 열전발전 모듈의 개발도 보고되었다.

특성이 우수한 열전 특성을 나타내는 재료를 개발하더라도 열전 모듈이나 세그먼트 소자를 만드는 제조 공정 기술 개발이 요구된다. 제조 공정 기술은 재료의 특성에 맞추어 최적화할 필요가 있기 때문에 하나의 열전 특성 기준만을 가지고 열전소자를 설계하기는 곤란하다. 따라서 제조 공정 기술을 간략히 소개하면 (1) 재료를 열전 모듈에 적합하게 가공하는 기술, (2) 접촉 저항이 생기지 않도록 전극을 열전 재료에 접합하는 기술, (3) 반복되는 부하에 대하여 내구성을 가지도록 제조하는 기술 등이다. 향후 효율이 향상된 열전소자를 개발하기 위해서는 단결정, 박막, 초격자 구조를 이용하는 것이 요구된다. 이를 이용한 열전소자에서는 박막 생성, 결정 방위 조절, 단결정 육성 기술 등이 중요하다.

열전 재료를 이용한 소자를 실용화하기 위해서는 열전소자를 시스템에 조립하여 실제로 이용하는 방법을 고려해야 한다. 현재 열전 재료의 에너지 변환 효율은 다른 에너지 변환 방법과 비교해서 좋다고는 할 수 없으나 다른 방법에서는 실현이 어려운 응용 분야에서 열전 재료는 실용화가 가능하다는 점이다. 구체적인 예를 들면, 1950년대에 이미 버너나 램프에 부착시킨 200~500W 정도의 열전발전기, 냉장고, 습도계, 진공펌프의 오일트랩, 마이크로톰(microtome) 등에서 실용화되고 있다.

**표 3-1** 여러 에너지원의 효율 비교

| 에너지원 | 효율 (%) | 출력 (W/lb) | 보수 기간(hrs) |
|---|---|---|---|
| 화력/원자력 발전 | 20-40 | 50 | 5000 |
| 항공기 피스톤 엔진 | 30 | 1000 | 50 |
| 자동차 엔진 | 15 | 1000 | 30 |
| 터보프롭 엔진 | 20 | 1500 | 50 |
| 보잉 707 엔진 | 20 | 2000 | 50 |
| 연료전지 | 60 | 7 | 5000 |
| 실리콘 태양전지 | 8 | 1.5 | ~ ∞ |
| 열전발전기 (MHW) | 5 | 0.8 | 70000 |
| 열전발전기 (W TAP 100) | 4 | 2 | 2000 |

열전발전의 효율을 기타 다른 에너지원과 비교하여 〈표 3-1〉에 나타내었다. 열전발전에 대한 연구는 1940년대에는 주로 군사용으로써 비상 전원 공급용으로 이루어졌으나, 1950년대의 우주 개발 계획의 수립과 함께 비약적으로 발전하여 많은 우주선에 적용되었다. 1970년대 이후 전기, 전자 분야의 활발한 발전과 비교하여 열전발전에 대한 연구는 다소 침체되었다. 그러나 1990년대에 이르면서 에너지 자원의 고갈에 대한 우려와 공해 및 환경 분야에 대한 관심으로 인하여 최근 열전 분야가 다시 주목을 받기 시작하였다. 오늘날에는 에너지 변환 효율이 높은 신소재와 높은 발전효율을 얻을 수 있는 발

전 시스템에 대한 연구가 많이 이루어지고 있다.

열전발전에 대한 국내의 연구는 아직 초보적인 수준에 머무르고 있다. $Bi_2Te_3$계 열전 재료에 관한 국내 연구는 한국과학 기술연구원의 p형 $(Bi,Sb)_2Te_3$계 및 n형 $Bi_2(Te,Se)_3$계 단결정에 관한 연구로부터 시작되었다. 최근에는 열전 냉각 모듈을 응용한 고부가가치 제품의 개발에 대한 요구가 증대됨에 따라 국책연구소와 일부 대학에서 $Bi_2Te_3$계 다결정 열전 재료의 제조 공정에 관한 연구가 진행되었다.

열전 냉각 모듈 제조 회사들로는 기존의 써모텍(주) 등 외에 지난 몇 년간 제펠, TE 세미콘, 보텍스, 써모트론 등이 신규 설립되었다. 다산 C&I, 코삼 등의 반도체 chiller 제조 회사들에서는 열전 재료를 이용한 반도체 chiller 개발에 대한 투자가 이루어졌으며, 메카텍스에서는 열전 냉각 기술을 사용하여 광전 부품의 특성 분석용 항온 유지 장치를 개발하였다. 또한 삼성전자에서는 열전 재료를 이용한 화장품 냉장고 및 와인 쿨러의 개발을 진행하여 이들 제품들을 실용화하였다.

국내 열전 재료 관련 연구는 거의 벌크 재료에 국한된 것으로 최근 선진국에서 열전 변환 분야의 새로운 지평을 열기 위한 핵심 기술로서 인식하고 있는 나노 열전 재료에 관한 연구는 거의 이루어지지 않고 있는 실정이다. 그러나 향후 세계 시장에서의 기술적 능동 대처를 위해서는 벌크 다결정 열전 재료의 성능 향상에 대한 연구와 더불어 나노 구조 기반의 열전 재료에 대한 연구 · 개발이 시급히 요청된다.

열전발전 시스템에 대한 본격적인 연구는 1996년도부터 산업자원부와 에너지 R&D 본부의 지원을 받아 전기연구소를 주축으로 시작된 "1kW급 열전발전 시스템 연구" 과제로 시작되었으며 3년간의 연구를 통하여 Bi/Te, Pb/Te계 열전 변환 재료, 열전발전 모듈, 보일러 폐열을 열원으로 이용한 1kW급 열전발전 시스템을 개발하였다. 개발된 열전발전 시스템의 효율은 1～3% 정도로 아직까지는 미흡한 상태이다. 현재 국내에서 열전발전에 대한 연구를 수행하고 있는 곳은 한국전기연구원 (KERI)를 비롯하여 한국과학 기술연구원 (KIST),

한국에너지 기술연구소 (KAERI), 포항산업과학 기술연구원 (RIST) 등의 연구 기관과 홍익대학교, 서울대학교, 충남대학교, 인하대학교, 아주대학교 등이 있으며 열전 재료와 관련된 기업으로는 써모텍이 있다. 제조 기술에서 모듈이나 시스템을 제작하는 기술은 선진국에 비해 다소 뒤떨어져 있다.

열전소자를 응용한 시스템 기술이 가장 발달된 분야는 우주, 항공용이며 군용, 생체 분야, 전자 분야 등에서 많이 연구되고 있다. 가스버너, 액화가스용 버너, 원자로, 지열, 복사열, 방사성동위원소의 반감기, 해수 온도 차 등을 이용하여 발전할 수 있는 방법에 대한 연구가 활발하다. 열전소자를 응용한 시스템 기술이 가장 발달된 국가는 미국으로서 우주, 항공용에 많이 응용되고 있다. 가스용 버너, 원자로, 발전소, 가정용 등에 실증 시험용 제품을 만들었으며 우주, 항공용에서는 태양전지와 복합하여 효율을 향상시키는 연구에 박차를 가하고 있다.

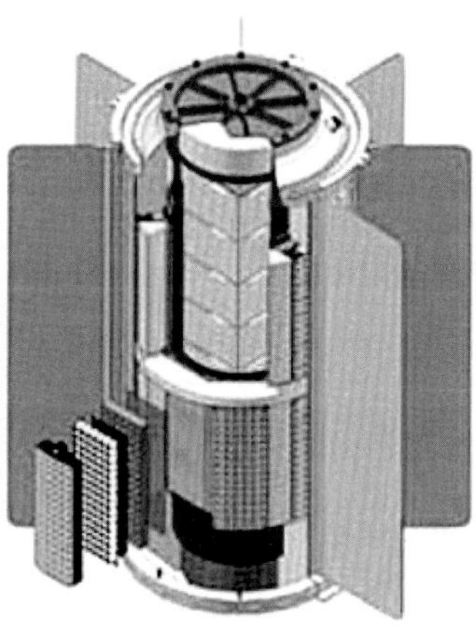

**그림 3-2** Teledyne Energy Systems에서 개발된 열전발전기

군사용으로 개발된 것으로 대표적인 발전기는 〈그림 3-2〉에 나타난 Teledyne Energy Systems에서 개발된 0.1kW급 열전발전기이며, 그 크기는 41×42×27 (단위: cm)이고 열전소자를 이용한 공냉 방식이며 DC/DC converter module로서 구성되어 있다. 또한 General

Electric사에서는 SP-100 space reacter power system용 열전발전기를 개발하였으며, 1,310℃의 열원으로 100/220V 전원을 발생시키고 7년간의 내구성을 보장하고 있다. 폐열을 이용하는 분야로서는 Los Alamos National Laboratory에서 500℃의 고온 turbine alternator pump의 파이프에 열전소자를 설치하여 시험한 바 있으며 많은 연구 기관에서 응용 연구가 진행 중이다. 또한 가정용 열전발전기도 연구하고 있다. 최근 미국의 열전 관련 연구는 재료의 개발에 관심이 집중되어 있는데, 국방성에서 주도하는 DARPA 프로젝트는 열전 재료의 성능을 크게 향상시킴으로써 세계적인 열전 연구의 기폭제가 되고 있다.

일본 통산성에서 주관하는 New Sunshine 계획에도 열전발전에 대한 연구가 포함되어 있으며 가고시마 대학, 전자 기술종합연구소, 동경 기술연구소, 야마구치 대학, 토호쿠 대학, 나고야 대학 등에서 열전 재료, 열전소자, 열전발전 시스템 평가 기술 등에 대한 많은 연구가 진행 중이며, 지열을 이용한 열전발전 시스템, 해수 온도 차를 이용한 열전발전 시스템 등에 대하여 여러 각도로 응용성을 검토하고 있다. 열전 재료의 연구에 있어서, 일본의 연구소들은 미국의 연구소들이 주로 금속계 열전 반도체 연구에 주력하고 있는 것에 반하여, 원료 가격이 저가인 산화물계, Fe-Si소계 등의 연구에 치중하고 있다.

기초과학이 발달한 러시아에서는 일찍부터 열전소자에 대한 연구를 시작하였으며 그중 가장 잘 알려진 연구소가 Ioffe 연구소로, 군용이나 송유관 부식 감지 시스템 등에 열전발전기를 적용하고 있다. 배폐열의 응용과 관련하여 발표된 자료들은 주로 열병합 발전용 열전소자의 응용 분야이다. 최근 러시아의 연구진들은 턴넬링 현상을 이용한 열전 반도체용 초미분 열전 재료 제조 기술을 개발한 바 있다. 또한 이탈리아, 오스트레일리아, 유럽, 캐나다 등 많은 국가에서 열전소자의 응용을 연구 중이며 배 폐열을 이용하는 시스템도 개발하고 있다.

그림 3-3 SNAP-27 APOLLO RADIOISOTOPE 열전발전기

현재 열전발전 시스템에는 화석 연료에서 열을 얻는 FTG (Fuel Thermoelectric Generator), 〈그림 3-3〉과 같은 방사선 동위원소가 열원인 RTG(Radio Isotope Thermoelectric Generator), 원자력을 이용하는 NTG(Nuclear Thermoelectric Generator), 폐열을 이용하는 WTG(Waste Thermoelectric Generator) 등이 개발되어 있다. 이들 중에서 산업 배 · 폐열을 이용한 열전발전 시스템 (WTG)의 경우에는 연료 비용을 무시할 수 있으므로 효율에서의 불리한 점을 극복할 수 있는 시스템으로 주목받고 있다.

주요 선진국들은 화석 연료의 사용을 줄여 환경오염을 감소시키고, 다양한 에너지원의 효율적인 활용을 위해 태양열을 이용한 열전발전, 해수 온도 차를 이용한 열전발전 및 LNG 냉열을 이용한 열전발전 등에 대하여 연구하고 있다.

열전발전기는 극저온에서부터 고온 영역까지 전 범위에서 사용할 수 있으므로 여러 분야에서 응용이 가능하다. 그러나 화력이나 원자력 발전과 비교하여 효율이 떨어지기 때문에 아직까지는 특수한 분야에 한정되어 사용되고 있다. 미국의 DOE(Department of Energy)에서는 1956년부터 인공위성용 전원으로 사용할 목적으로 SNAP(Systems for Nuclear Auxiliary Power) 계획을 추진하여, 방사선 동위원소 또는 소형 원자로를 열원으로 하는 열전발전기를 개발하여 왔다.

1959년 1월에 제작이 완료된 SNAP-3은 세계에서 최초로 방사성 동위원소를 열원으로 하는 열전발전기로 1961년 6월에 개량형인 SNAP-3B7이 미해군의 항해용 위성인 Transit 4A에 탑재되어 성공적으로 발사된 바 있다. 그 이후에 미국에서는 약 20년간 방사성동위원소를 열원으로 하는 18종류의 열전발전기(RTG)를 개발하여 각종 목적의 인공위성용 전원으로 사용하였다. 여러 방식의 열원을 이

**표 3-2** 각종 열원에 따른 열전발전기 특징

| 분 류 | 열 원 | 열전 재료 | 출 력 | 효 율 | 응용 분야 |
|---|---|---|---|---|---|
| 방사성 동위원소 열전발전기 (RTG) | 90Sr | p형: TAGS<br>n형: Pb-Te | 500W<br>28V, 18A | 9% | 군용전원<br>헬기전송가능 |
| | 238Pu | p형:<br>$(Cu,Ag)_2Se/$<br>$(Bi,Sb)_2Te_3$<br>n형:<br>$Gd_2Se_3/PbTe$ | 280W<br>18V, 10A | 10.4% | 목성탐사선<br>단위 출력<br>(7.5W/kg) |
| | 238Pu | Bi-Te | 300μW<br>0.2-1.1V | | 의학용(펄스)<br>반감기: 87년 |
| 배열 열전 발전기 (WTG) | 배기가스<br>(100℃) | Bi-Te, Pb-Te<br>$FeSi_2$<br>소결체 | 100-30000W<br>230V, 130A | 2.5% | 자동차용<br>배기가스 |
| | 연소가스 | $FeSi_2$<br>소결체 | 6V, 0.1A | | Codeless<br>Gas Fan<br>Heater |
| 화석연료 열전발전기 (FTG) | Diesel<br>연소기 | SiGe(GaP)<br>소결체 | 200W<br>28V, 7A | 9% | 군용전원,<br>경량, 장수명<br>(37kg) |
| | 태양열<br>$\Delta T=20℃$ | Bi-Te | 100k-400MW<br>(개념설계) | 1.3% | 물전기분해<br>(수소제조 등) |
| 기타 | 소각로열<br>원자로열 | SiGe(GaP)<br>$FeSi_2$(비정질)<br>$FeSi_2$(소결), 기타 | MW급 | 10-20% | 전력계통,<br>열병합 |

용한 열전발전기의 특징과 이용 사례에 대하여 〈표 3-2〉에 나타내었다.

수요전력량은 적은데 전선을 가설한다든지 디젤발전기를 설치하는 비용이 오히려 많이 드는 경우에는 열전발전기를 이용하는 것이 가격 면에서 유리할 때가 있다. 또한 보수를 하지 않고 장시간 운전할 필요가 있는 경우에도 열전발전기가 가장 적합하다. 이러한 예로는 산간지방에 있는 micro파 송신중계소용 전원이라든지 극지 등의 기상 모니터 장치용 전원 등이 있다. 벽지용 열전발전기는 대부분 출력이 100W 이하이고, 열원으로 가스, 액체연료 또는 방사성동위원소를 사용한다. 경우에 따라서는 열전발전기와 전지를 병용하기도 한다.

미국의 해군, 연안경비대 또는 연구 기관에서는 지시용 부표, 안개경고음, 발광 신호 장치 등의 전원으로 열전발전기를 사용하고 있으며, 또한 수온, 염분, 유속 및 파고 등의 데이타를 측정하고 이러한 데이타를 송신하는 장치의 전원으로도 열전발전기가 사용되고 있다. 열원은 방사성동위원소를 사용하며, 열전발전기는 해상 또는 해저에 설치한다. 주로 SNAP 계획으로 개발된 열전발전기가 사용되며 가혹한 환경 조건에서도 설계치 이상의 수명을 보이고 있다. 러시아에서는 핵추진형 잠수함에서 수 MW급의 열전발전기를 작동하여 전원으로 사용하였다고 하지만, 이와 관련한 실제 자료는 제시되어 있지 않다.

해양에서의 열전발전 응용 기술에는 해수의 온도 차를 이용한 열전발전 기술, 암열과 해수의 온도 차를 이용한 발전 기술 또는 산업폐열과 해수를 이용한 열전발전 등이 가능하며 미국, 러시아, 일본을 비롯한 많은 여러 나라에서 많은 연구가 계획되거나 수행되고 있다.

산업용 배열은 배열 보일러와 공기 예열용 등으로 활용하고 있지만 이러한 배열의 이용은 일반적인 이용법과는 달리 부수적으로 이용하고 있는 실정이다. 이러한 배가스와 폐열을 이용한 열전발전 기술은 일본을 중심으로 주로 소형 소각로를 대상으로 많은 연구가 진행되고 있다. 주 대상이 소형 소각로인 것은 대형 소각로에서는 근본적으로 폐열을 이용하여 산업적인 이용을 할 수 있도록 설계하여 산업 단지에 온수를 공급하든지 온실 등의 열원으로 이용하고 있다. 그러나 소형 또는 중형의 소각로는 대부분의 열에너지를 대기 중으로 방사하고 있기 때문에 이를 활용하는 문제에 많은 관심을 가지고 있다. 여러 선진국에서는 운송기관의 내연기관에서 발생되는 열을 이용한 열전발전 시스템에 대하여도 관심을 기울이고 있으며, 특히 대형 내연기관의 배기구에서 발생되는 열원을 대상으로 열전발전기를 제작하는 사례가 많이 발표되고 있다.

인공심장 박동기의 전원으로는 일반적으로 소형 전지가 사용되어 왔으나, 전지의 수명이 짧기 때문에 자주 교환해야 하는 불편이 있다. 이러한 경우에 방사성동위원소를 열원으로 하는 열전발전기를 사용하면 장시간 연속 사용이 가능한데, 인공심장 박동기에 사용되는 열전발전기는 출력이 수 mW의 소형이며 방사선이 장치의 밖으로 누출되지 않도록 완전히 차폐되어 있다.

열전발전은 마이크로파 통신 장치의 전원 공급용으로도 사용되고 있다. 이것은 지역적으로 오지나 산간 지역에 위치한 무인 중계국의 전원 시스템의 고신뢰화, 무보수화의 필요성이 증대하기 때문이다. 이러한 요구 조건에 적합한 태양전지와 열전발전기 등을 신 전원시스템에 적용하고 있다.

열전 소재의 에너지 변환 효율 문제로 인하여 대규모 열전발전 기술에서는 속도를 내지 못하고 있는 동안, 열전 반도체 기술은 최근의 눈부신 반도체 박막소자 기술의 발달에 힘입어 각종 센서의 개발에 적용되고 있고, 열전 센서 시장의 잠재성도 매우 클 것으로 기대되고 있다. 열전 센서의 원리는 대부분 열전발전과 동일하게 Seebeck 효과를 이용하고 있고, 그 구조는 열을 감지하는 고온부와 그 주위에 이와 상대되는 열전 현상을 유발하는 저온부, 그리고 발생하는 열전 전압을 증폭하는 증폭회로 및 얻어진 데이터를 외부출력으로 바꾸는 interface 등으로 구성된다.

〈그림 3-4〉의 왼쪽은 열전 센서의 가장 전형적인 형식인 비냉각식 열전 형 적외선 감지 센서의 단위 픽셀을 보여주는 사진이고, 오른쪽

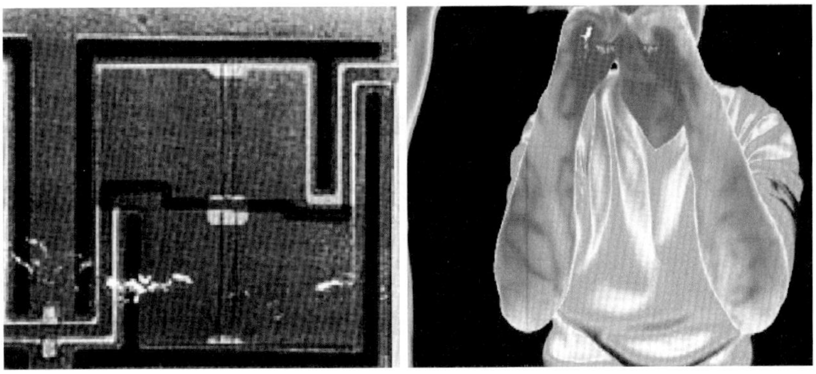

**그림 3-4** 열전 적외선 센서 단위 픽셀의 모양 및 피부 표면 온도 차

은 이 적외선 센서를 내장한 적외선 카메라를 이용하여 피부 표면의 온도 차이를 촬영한 영상 사진이다. 열전 을 이용한 적외선 센서는 기존의 광전형 적외선 센서에 못지않은 성능을 보여주고 있음을 알 수 있다. 이러한 열전 형 적외선 센서는 비록 광전형에 비해 민감도가 나쁘고, 응답 속도도 느리지만, 가격이 낮고, 냉각이 필요없는 장점과 함께 감지 온도 범위가 -50℃～1,000℃로 매우 넓은 점 등의 장점이 있어, 산업 및 가정에서의 열 감시나, 기계 이상 발생 여부의 점검 및 제어, 전기 장치의 과열 감시 및 전기 차단 등 분야에서 큰 시장이 형성될 것으로 기대되고 있다. 이외 화학반응에서의 온도 측정, 유량의 측정 등에도 열전 센서가 이미 개발되어 사용 중에 있다.

열전발전기는 시스템의 유지 관리 및 장기 동작 수명이 요구되는 경우, 규모가 너무 작아서 열 엔진 발전기를 이용하는 것이 비경제적일 경우(200watt 이하 규모), 열 에너지원의 가격이 낮고 기존 발전기에 적합하지 않을 경우, 또는 150℃ 이하의 온도를 이용하여 전기를 얻고자 할 경우와 같이 특별한 조건에서는 기존의 발전기에 비해 유리한 점이 있다. 현재 개발되어 있는 대부분의 열전발전기는 우주나 해상 및 원격지용의 전원 공급 시스템으로 사용되고 있는데, 이러한 열전발전이 채택되고 있는 이유는 유지 관리 및 수명의 면에서 유리하기 때문이다.

현재 발전 효율이 10% 이하로 낮아서 타 발전 방식에 비해 현저히 경제성이 떨어진다는 문제점은 있으나, 효율이 높은 재료의 개발을 위해 미국을 비롯한 여러 나라에서 많은 연구가 이루어지고 있으며, 최근에 ZT값이 2 이상인 재료에 대한 보고가 계속되고 있기 때문에 가까운 장래에 열전발전의 상용화가 이루어질 것으로 기대된다. 에너지 수입 의존도가 높은 우리의 현실을 고려할 때 미활용 저급 에너지를 활용한 열전발전 시스템의 연구 개발을 단계적으로 추진할 필요가 있다. 열전발전 시스템의 제조를 위해서는 전극 재료, 변환 소자, 열전 모듈 등의 재료 개발과 소자화 기술, 발전기 시스템의 설계 및 제조 기술의 확보가 필요하며, 전력 계통에 연결시키기 위한 전력 저장 및 전력 계통 연계 기술과 소자 및 시스템의 평가 기술 개발이 필요하다.

제 4 장

# 열전 현상의 이론

본 장에서는 열전 현상에 대한 이론을 설명하고자 한다. 〈그림 4-1〉과 같은 열전도체에서 양단에 온도 차($T_H$, $T_C$)가 존재할 경우, heat power, PHF 는 TC 방향으로 전달된다. 이를 식으로 표현하면 $PH_F = PC_F = \Lambda(T_H - T_C)$와 같다. 여기서 $\Lambda$는 W/K로 표현되는 열전도체의 열전도도이다.

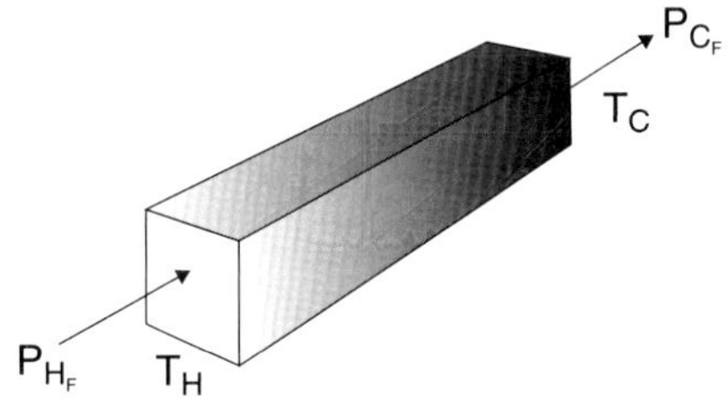


**그림 4-1** 양단에 온도 차가 존재할 때 heat power 흐름도

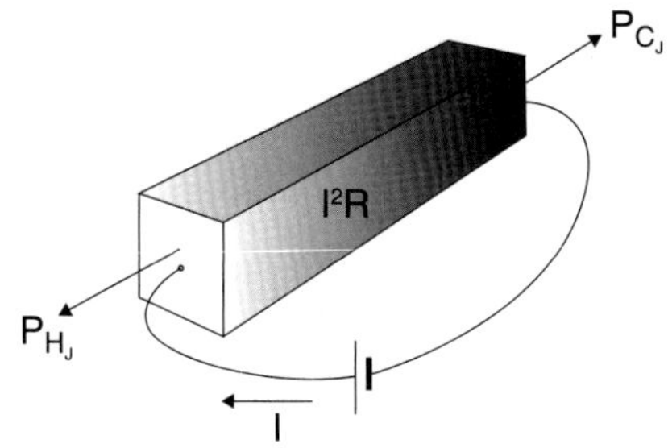


**그림 4-2** 전류로 가열하는 경우 heat power 흐름도

만약 〈그림 4-2〉와 같이 열전도체의 온도가 균일한 상태에서 전류의 흐름(I)에 의해 발열할 경우 발생된 열량은 $I^2R$이며, R은 열전도체의 전기저항값이다. 이 경우 발생된 열량은 양 끝단으로 흐르기 때문에 열량의 흐름은 PHJ = PCJ = 1/2 $RI^2$로 표시할 수 있다. 〈그림 4-1〉과 〈그림 4-2〉에서 heat power의 흐름 방향을 비교해 보면, PHJ와 PCJ의 방향이 반대이기 때문에 〈그림 4-1〉과 같은 방향으로 표현하면 PHJ는 음(-)의 값을 갖는다고 볼 수 있다. 만약 열전도체가 열구배가 존재하면서 동시에 전류에 의해 가열된다면 〈그림 4-3〉과 같이 heat power의 흐름 방향을 표현할 수 있다.

**그림 4-3** 열구배와 함께 전류에 의해 가열되는 경우 열 흐름도

이 때 heat power는 다음과 같다.

$$P_H = \Lambda(T_H - T_C) - \frac{1}{2}RI^2,$$
$$P_C = \Lambda(T_H - T_C) + \frac{1}{2}RI^2$$

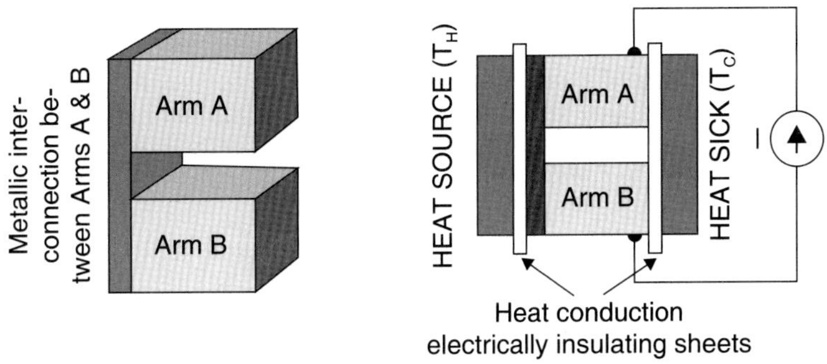


**그림 4-4** 이종의 금속 또는 반도체로 구성된 열전도체에 열구배와 함께 전기가 흐르는 열전 대 구성도

〈그림 4-4〉와 같이 이종의 금속 또는 반도체로 구성된 열전도체에 전기를 흐르도록 하면, 고온부(TH)에서의 heat power(PH)를 TH-TC 함수로 표시하면 다음과 같다.

$$P_H = \Lambda(T_H - T_C) - \frac{1}{2}RI^2$$

만약 $\Lambda$ = 4.18 W/K, R = 2.6 × $10^{-4}\Omega$, $T_H$ =1500K, $T_C$ =1000K인 경우, $P_H$ = 2090 - 1.3 × $10^{-4}I^2$이며, $P_H$와 I의 관계는 〈그림 4-5〉와 같이 나타낼 수 있다.

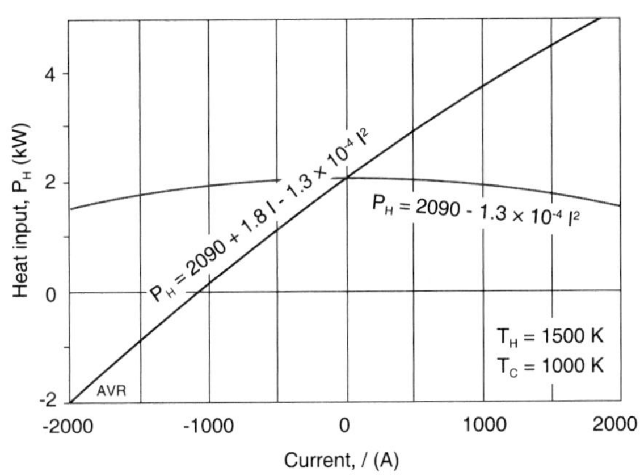


**그림 4-5** $P_H$ 와 I의 관계 그래프

그림 4-5에서 PH 와 I의 관계를 보면, PH는 I에 따라 변하고, 실제로 특정한 열전 대를 사용하여 측정한 결과를 2차 회기분석하여 나타낸 식은 다음과 같다.

$$P_H = 2090 + 1.8I - 1.3 \times 10^{-4} I^2$$

여기서 열전도도는 전류에 독립적이며, 전류에 의한 발열량 ($1.3 \times 10^{-4}I^2$)을 제외하면, $P_H$는 I에 따라 직선적으로 변화하게 된다. 즉, 열에너지는 전류에 의해 전달되며 또한 전류의 방향에 따라 열에너지 전달 방향을 바꾸게 된다. 이러한 현상을 Peltier 효과라 한다. Peltier 열 전달은 전류에 비례하며 이를 식으로 나타내면 다음과 같다.

$$P_{peltier} = \pi I$$

여기서 $\pi$를 Peltier 계수라 한다.

만약 개방 회로에서 전압(V)을 측정하게 되면, 전압은 온도 차(TH-TC)에 비례하며, 전압(V)과 온도 차($T_H$ - $T_C$)의 관계를 〈그림 4-6〉에 나타내었다. 〈그림 4-6〉에서 $T_C$는 173.3 K이다.

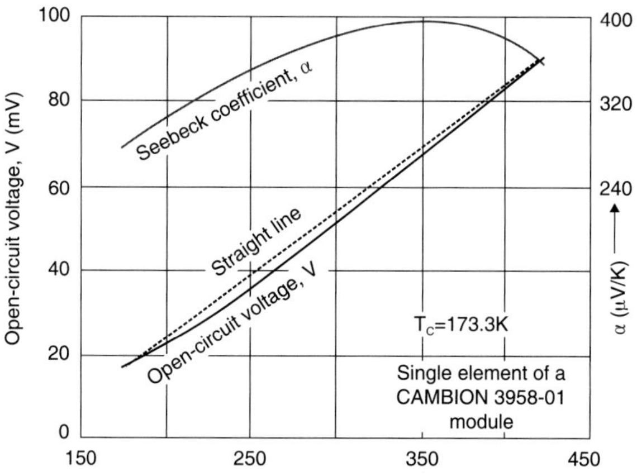


그림 4-6 개방회로 전압과 Peltier 계수의 관계

〈그림 4-6〉에서 α는 Seebeck 계수로서, 이는 측정된 개방 전압과 고온부 온도($T_H$)의 기울기(dT/dT)를 표시한 것이며, Seebeck 계수는 어느 정도 온도에 의해 영향을 받는다. Peltier 계수와 Seebeck 계수의 관계는 다음과 같다.

$$\pi = \alpha T$$

Peltier 계수(π)는 온도의 함수로 나타나며, 열전 대에서 발생되는 개방 전압은 다음과 같다.

$$V = \int_{T_C}^{T_H} \alpha dT$$

만약 평균적인 Seebeck 계수, 〈α〉로 표기하게 되면, 열전 대에서 발생되는 개방 전압은 다음과 같이 표시할 수 있다.

$$V = \langle\alpha\rangle\,(T_H - T_C)$$

이상으로 열 전달 현상, 전류에 의한 발열, Peltier 효과 및 Seebeck 효과를 개략적으로 설명하였다. 이 외에 전하의 대류현상은 Thomson 효과로 설명된다. 상기에 설명된 원리는 산업적으로는 온도 측정, 열에너지를 전기에너지로 직접 변환하는 발전기 및 열냉각 펌프 등에 이용되고 있다. 개방 회로 전압 (Seebeck 전압)은 온도의 함수로 표현되며, 20K~1700K 사이의 온도를 정확하게 측정할 수 있으나, 열전 대 소재 별로 측정 범위가 정해져 있기 때문에 측정 온도 범위를 확장하기 위해서는 별도의 열전 대를 확장하여 사용하여야 한다. 〈표 4-1〉은 열전 대 쌍으로 사용되는 소재의 일부를 정리하여 나타낸 것인데, 1차 소재는 양극(+)이고, 2차 소재는 음극(-)으로 사용한다.

**표 4-1** 표준 열전 대쌍 소재 및 사용 온도 범위

| Type | Materials (composition, wt%) | Recommended Range (K) |
|---|---|---|
| B | Pt+30%Rh 및 Pt+6%Rh | 1640~1970 |
| C | W+5%Re 및 W+26%Re | 1920~2590 |
| E | 90%Ni+10%Cr 및 55%Cu+45%Ni | 370~1170 |
| J | 99.5%Fe 및 55%Cu+45%Ni | 370~1030 |
| K | 90%Ni+10%Cr 및 95%Ni+2%Al+2%Mn+1%Si | 370~1530 |
| N | 84%Ni+14%Cr+1.5%Si 및 95%Ni+4.5%Si+0.1% Mg | 920~1530 |
| R | Pt+13%Rh 및 Pt | 1140~1720 |
| S | Pt+30%Rh 및 Pt | 1250~1720 |
| T | Cu 및 55%Cu+45%Ni | 70~620 |

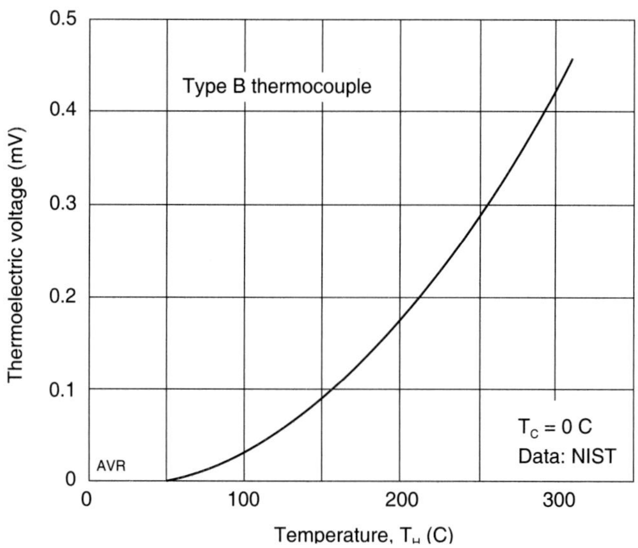


**그림 4-7** B-type 열전 대에서 전압과 온도의 관계

열전 대용 소재의 선택은 측정 온도 범위에서 화학적으로 안정한 재료를 선택한다. 특히 고온에서는 산화되지 않는 귀금속류를 사용하며, 극저온 환경에서는 상변태가 발생하지 않으며 소재의 연성이 저하되지 않아야 한다. 또한 자기장의 영향을 받지 않아야 하며, 열전 대용 소재의 균질성 또한 온도 측정의 신뢰성 확보를 위해 관리되

어야 한다. 일반적으로 온도 측정의 저온 한계는 20K로 제한되는 이유는 극저온에서 Seebeck 계수가 작기 때문이다. 〈그림 4-7〉은 B-type 열전 대에서 전압과 온도의 관계를 나타낸 것으로 온도변화에 따른 전압의 변화가 매우 작음을 보여주고 있다.

열전발전기의 원리는 열전 대에서 온도 차이가 있을 때 전압을 발생시키는 원리를 이용하여 열을 전기로 직접 변환할 수가 있다. 열기관에서 효율은 Carnot 효율로 제한되기 때문에 열기관 효율은 다음과 같이 표현된다.

$$\eta = \frac{TH - TC}{TH}\eta^{*}$$

상기 식에서 $\eta^{*}$는 열기관의 기하학적 형상, 사용소재, 부하와의 정합특성에 따라 변하게 된다. 열전 쌍을 사용한 열전 변환 장치를 〈그림 4-8〉에 나타내었다.

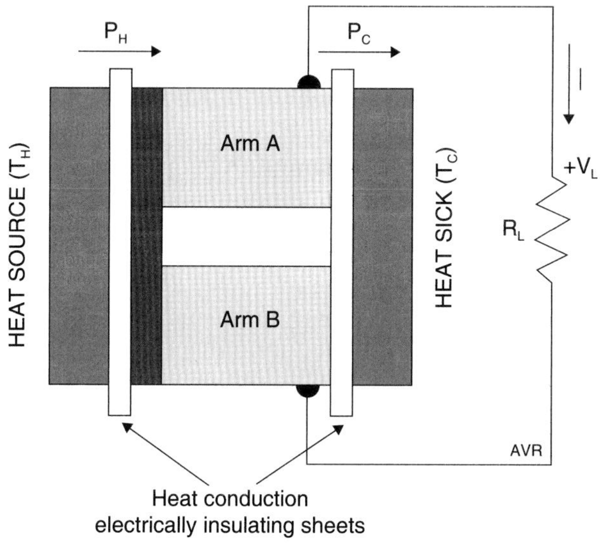


**그림 4-8** 열전 쌍을 이용한 발전기 모형도

그림에서 전기저항 R과 열전도성 Λ는 다음과 같은 식으로 표현된다.

$$R = \frac{l_A}{A_A \sigma_A} + \frac{l_B}{A_B \sigma_B}$$

$$\Lambda = \frac{A_A \lambda_A}{l_A} + \frac{A_B \lambda_B}{l_B}$$

여기서 A는 열전 쌍 소재의 단면적, $l$은 열전 쌍 소재의 길이, σ는 전기전도도 그리고 λ는 열전도도이다. 〈그림 4-8〉에서 열전 쌍의 배열은 열전도 흐름으로 보면 병렬연결이고 전기 흐름에서는 직렬연결로 구성되어 있다. 〈그림 4-8〉에서 전류 I가 흐르는 경우 heat power는 다음과 같다.

$$P_H - \Lambda(T_H - T_C) + \pi I - \frac{1}{2} R I^2$$

Pertier 계수를 고려하여 표현하면 다음과 같이 정리된다.

$$P_H - \Lambda(T_H - T_C) + \alpha T_H I - \frac{1}{2} R I^2$$

이때 부하 (load)에 걸리는 전류는 아래 식과 같다.

$$I = \frac{\alpha(T_H - T_C)}{R + R_L}$$

따라서 부하에 전달되는 power는 다음과 같다.

$$P_L = \frac{\alpha^2 (T_H - T_C)^2}{(R + R_L)^2} R_L$$

이들을 종합한 열전소자의 효율은 다음과 같다.

$$\eta = \frac{P_L}{P_H} = \frac{T_H - T_C}{T_H} \times \left[ \frac{(R+R_L)^2}{R_L} \frac{\Lambda}{\alpha^2} \frac{1}{T_H} + \frac{1}{2} \frac{R}{R_L} + 1 + \frac{1}{2} \frac{R}{R_L} + 1 + \frac{1}{2} \frac{R}{R_L} \frac{T_C}{T_H} \right]^{-1}$$

상기 식에서 $R_L$ = m R로 대체하면, 열전소자의 효율은 다음과 같이 표현할 수 있다.

$$\eta = \eta_{\mathrm{CARNOT}} \times \left[1 + \frac{1}{2m}\left(1 + \frac{T_C}{T_H}\right) + \frac{(m+1)^2}{m}\frac{1}{T_H Z}\right]^{-1}$$

여기서 Z는 열전 쌍의 figure of merit으로 다음과 같이 정의된다.

$$Z \equiv \frac{\alpha^2}{\Lambda R}$$

Z의 단위는 온도의 역수($K^{-1}$)로 표현되며, Z값이 클 수록 효율이 높아진다. 따라서 효율이 높은 열전발전기를 구성하려면, Seebeck 계수가 높고, 또한 동시에 ΛR 값이 낮은 재료를 선택하여 사용하여야 한다. 즉 열전 소재의 단면적은 크면서 길이는 짧게 설계하고, 소재의 전기저항은 작으면서 열전도성은 높은 재료가 요구된다. 이에 따라 효율을 최대화시킬 수 있는 열전 소재 A, B의 형상과 재료 특성과의 관계는 다음과 같다.

$$\frac{l_A A_B}{l_B A_A} = \sqrt{\frac{\lambda_A \sigma_A}{\lambda_B \sigma_B}}$$

상기 조건을 만족시킬 때 ΛR 값은 다음 식으로 표현된다.

$$\Lambda R = \left[\left(\frac{\lambda_A}{\sigma_A}\right)^{1/2} + \left(\frac{\lambda_B}{\sigma_B}\right)^{1/2}\right]^2$$

열전발전 효율을 최대화시키기 위해서는 하중 저항 RL을 최적화시켜야 하는데, $R_L$ = m R로 표현할 수 있기 때문에 결국은 적절한 m 값을 선택하는 문제가 된다. 여기서 m 값은 다음과 같이 정리된다.

$$\frac{d}{dm}\left[\frac{(m+1)^2}{m}\frac{1}{ZT_H} + \frac{1}{2m}\left(1 + \frac{T_C}{T_H}\right) + 1\right] = 0$$

$$\langle T \rangle = \frac{T_H + T_C}{2}$$

$$m = \sqrt{1 + \langle T \rangle Z}$$

여기서 구한 m을 $\eta^*$식에 대입하여 정리하면 다음과 같다.

$$\eta^* = \frac{(1+\langle T\rangle Z)^{1/2} - 1}{(1+\langle T\rangle Z)^{1/2} + T_C/T_H} = \frac{m-1}{m+T_C/T_H}$$

지금까지 전개된 특성을 정리해 보면, 열전발전의 효율을 최대화 시키는 3가지 조건이 도출된다.

1) Z값이 큰 재료의 선택
2) Z값이 작은 기하학적 형상 설계
3) 디바이스의 내부 저항에 적합한 부하저항의 선택
   (최적의 m값 선택)

만약 Z → ∞ 가 되면, $\eta^*$은 다음과 같이 정리된다.

$$\eta^* = \frac{1}{1+\frac{1}{2m}\left(1+\frac{T_C}{T_H}\right)}$$

만약 m → ∞ 가 되면, $\eta^*$은 최댓값을 갖게 되는데, 이는 부하하중의 저항이 열전 소재보다 무한히 큰 경우에 해당된다. 다른 말로 표현하면 열전 소재의 저항이 초전도체처럼 저항이 없는 경우에 해당된다.

〈그림 4-9〉는 최적의 m값을 기준으로 두 종류의 Z값에 대해 온도에 따른 열전발전 소재의 효율을 나타낸 것이다.

열전 성능 지수(z : Figure of Merit)는 열전 쌍에 대해서 사용해 왔다. 초전도체 계면에서의 Seebeck 계수는 '0'이기 때문에 일반적인 전도체 소재의 경우, 초전도 특성을 나타내는 극저온에 가까운 온도에서 Seebeck 계수를 구하면 다음과 같다.

$$Z = \frac{\alpha^2}{\Lambda R} = \alpha^2 \frac{\sigma A}{l}\frac{l}{\lambda A} = \alpha^2 \frac{\sigma}{\lambda}$$

재료의 열전도도(λ)를 측정하는 것은 비교적 어렵기 때문에 금속

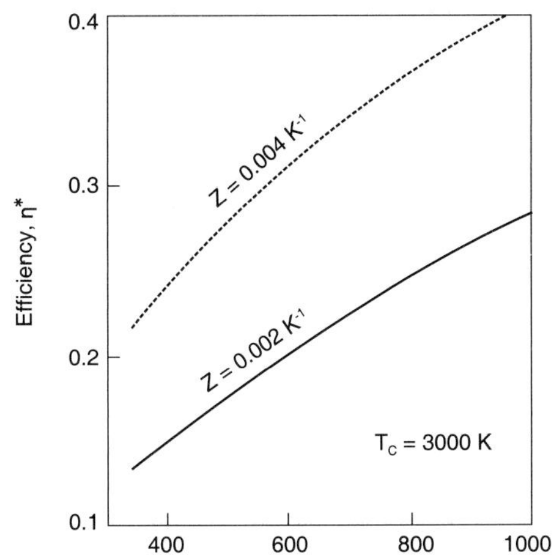


**그림 4-9** 온도에 따른 열전발전 소재의 효율 (Tc = 300K)

의 경우 전기전도도(σ)와 열전도도(λ)의 관계식을 관찰한 결과 λ/σ 값이 일정하다는 사실을 알게 되어 전기전도도로부터 열전도도를 유추할 수 있음을 파악하게 되었다. 이를 Wiedemann-Franz-Lorenz 법칙이라 한다. 이를 설명하기 위해 〈그림 4-10〉과 같은 기체 입자의 일차원 열전도도 모델을 고려하여 본다.

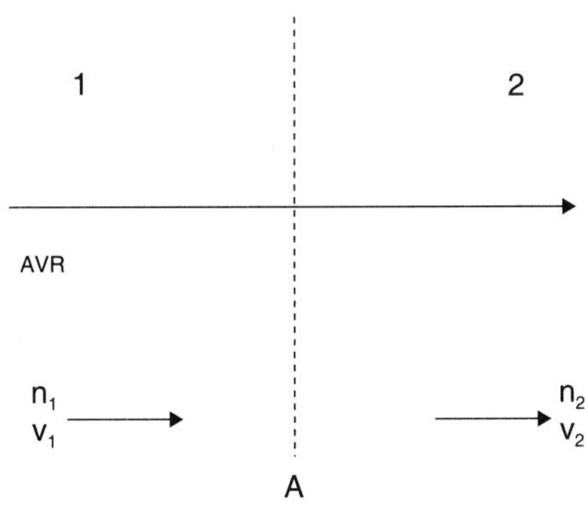


**그림 4-10** Gas 입자의 일차원 열전도도 모델

표면 A에서의 순물질 이동 흐름이 없다고 하면 다음과 같이 표현된다.

$$n_1 v_1 + n_2 v_2 = 0$$

〈그림 4-10〉에서 $l$은 입자의 평균 자유 이동 경로이며, $U_{(l/2)}$를 운동에너지로 표현하면, 순에너지 플럭스인 power density는 다음과 같다.

$$P = \frac{nv}{2}[U_{(-l/2)} - U_{(l/2)}]$$
$$= -\frac{nv}{2}\frac{\partial U}{\partial x}l \quad W/\mathrm{m}^2$$

여기서 개별 입자의 에너지 (1/2 kT)를 적용하게 되면 다음과 같다.

$$P = -\frac{nv}{4}lk\frac{\partial T}{\partial x} \equiv -\lambda\frac{\partial T}{\partial x}$$

또한 재료 내에서 전자만이 열 운반체라고 가정하고, 전자가 운반하는 에너지 3/2 kT를 대입하면, 금속에서의 열전도도, λ는 다음과 같이 정리된다.

$$\lambda = \frac{3nvlk}{4}$$

여기서 3은 전자의 자유도(degrees of freedom)를 의미한다. 전기전도도(σ)는 전자의 전하량(q), 전자의 개수(n) 그리고 전자 이동도(μ)로 표현하면 다음과 같다.

$$\sigma = qn\mu$$

또한 전자의 열 속도를 $v$라고 하면, 전기전도도는 다음과 같다.

$$\sigma = \frac{q^2 nl}{2mv}$$

따라서 금속에서의 λ/σ 값은 다음 식과 같이 정리된다.

$$\frac{\lambda}{\sigma} = \frac{3mv^2 k}{2q^2} = \frac{3k^2 T}{2q^2}$$

$mv^2 = kT$ 이기 때문에 λ/σ 값은 또한 다음과 같이 계산된다.

$$\frac{\lambda}{\sigma} = \frac{\pi^2}{3}\frac{k^2 T}{q^2} \equiv LT = 2.44 \times 10^{-8} T$$

여기서 $L = 2.44 \times 10^{-8}(V/K)^2$ 를 Lorenz number라고 한다.

따라서 금속 전도체의 Z값은 Seebeck 계수(α)와 온도에 의존하게 된다.

$$Z = \frac{\alpha^2}{L}\frac{1}{T} = 4.1 \times 10^7 \frac{\alpha^2}{T}$$

Lorenz number, L이 클수록 Z값은 작아지게 됨을 알 수 있다. 그러나 Lorenz number는 절대상수라기 보다는 금속의 종류에 따라서 값이 다르기 때문에 〈표 4-2〉에 특성 값들을 정리하여 나타내었다.

**표 4-2** 금속 전도체의 Lorenz number (Unit : $10^{-8}$ WΩ/K²)

| Metal | 273K | 373K |
|---|---|---|
| Ag | 2.31 | 2.37 |
| Au | 2.35 | 2.40 |
| Cd | 2.42 | 2.43 |
| Cu | 2.23 | 2.33 |
| Ir | 2.49 | 2.49 |
| Mo | 2.61 | 2.79 |
| Pb | 2.47 | 2.56 |
| Pt | 2.51 | 2.60 |
| Sn | 2.52 | 2.49 |
| W | 3.04 | 3.20 |
| Zn | 2.31 | 2.33 |

고체에서의 열전도는 다음 2가지 기구에 의해 발생한다.

1) 열전도 운반체가 전기전도 운반체와 같은 경우로서 열전도도는 $\lambda_C$로 표기한다. 이는 Wiedemann-Franz-Lorenz 법칙을 적용한다.
2) 고체에서의 열전도가 결정격자의 진동(phonons)에 의해 발생하는 경우로서 $\lambda_L$로 표기한다. 주로 반도체 및 절연체의 열전도의 기구이다.

전기전도 운반체에 의해 열전도가 일어나는 금속의 경우 결정격자는 비교적 연성이지만, 반도체의 경우는 주로 결정격자의 진동에 의해 열전도가 발생된다. 다이아몬드의 경우 전기전도 운반체는 없으나, 열전도도는 일루미늄 금속에 비해 약 11배 높고, 철에 비해 약 30배 높다. 따라서 고체의 열전도도는 다음과 같다.

$$\lambda = \lambda_C + \lambda_L$$

결국 Z는 다음과 같이 정리된다.

$$Z = \frac{\alpha^2 \sigma}{\lambda_C + \lambda_L} = \frac{\alpha^2}{\lambda_C/\sigma + \lambda_L/\sigma} = \frac{\alpha^2}{LT + \lambda_L/\sigma}$$

〈표 4-3〉은 일부 반도체 재료의 열전도도를 정리한 것이다. 기계적으로 강한 Si, Ge의 경우 결정격자의 진동에 의한 열전도가 전기 운반체에 의한 열전도도보다 100~400배 이상 크지만, 기계적으로 연한 BiTe 반도체의 경우는 약 4배 정도의 차이밖에 없다.

금속과 비교하여 반도체의 경우 $\lambda/\sigma$ 비가 작지만 Seebeck 계수가 높아 열전발전 소자에 주로 응용되고 있다. 금속의 경우는 주로 열전 대에 활용된다. 최근에는 2종류의 반도체 물질을 반복적으로 층상화시킨 초격자 (superlattices)에 대한 연구가 활발하다. 초격자를 구성하는 소재별 층간 간격의 설계는 전자의 평균 자유 이동 경로보다는 작고, 양자화된 진동자(phonons)보다는 크게 설계하여 전하

**표 4-3** 반도체 재료의 열전도도

| W/(mK) at RT, Doping corresponding to $\alpha$ = 200 μV/K | | | |
|---|---|---|---|
| Material | $\lambda_L$ | $\lambda_C$ | $\lambda_L/\lambda_C$ |
| Si | 113 | 10.3 | 377 |
| Ge | 63 | 0.6 | 105 |
| InAs | 30 | 1.5 | 20 |
| InSb | 16 | 1 | 16 |
| BiTe | 1.6 | 0.4 | 4 |

운반자와 진동 운반자 간의 충돌이 최소화되도록 제조하는 기술 개발이 목표가 되고 있다.

만약 열전도도를 낮추어 Seebeck 계수가 350μV/K 정도의 소재를 제조할 수 있다면, 꿈의 목표인 무차원 ZT값이 5에 도달할 수 있게 되어 열전발전 영역에서 산업 응용 분야는 새로운 지평선을 열게 될 것이다. 금속소재의 경우 Seebeck 계수가 100μV/K 이상되는 소재는 없으며, 대부분의 금속은 〈표 4-4〉에 나타난 바와 같이 Seebeck 계수가 10μV/K 정도이다. 반면에 반도체 소재의 경우 사용 가능한 온도 범위에서 Z값은 Seebeck 계수 α의 자승에 비례하기 때문에 금속소재보다 열전 변환 특성이 좋다.

**표 4-4** 금속의 Seebeck 계수 (300K)

| | | | | | | | |
|---|---|---|---|---|---|---|---|
| Ag | 1.51 | Eu | 24.5 | Nb | -0.44 | Sr | 1.1 |
| Al | -1.66 | Fe | 15 | Nd | -2.3 | Ta | -1.9 |
| Au | 1.94 | Gd | -1.6 | Ni | -19.5 | Tb | -1 |
| Ba | 12.1 | Hf | 5.5 | Np | -3.1 | Th | -3.2 |
| Be | 1.7 | Ho | -1.6 | Os | -4.4 | Ti | 9.1 |
| Ca | 10.3 | In | 1.68 | Pb | -1.05 | Tl | 0.3 |
| Cd | 2.55 | Ir | 0.86 | Pd | -10.7 | Tm | 1.9 |
| Ce | 6.2 | K | -13.7 | Rb | -10 | U | 7.1 |
| Co | -30.8 | La | 1.7 | Re | -5.9 | V | 0.23 |
| Cr | 21.8 | Lu | -4.3 | Rh | 0.6 | W | 0.9 |
| Cs | -0.9 | Mg | -1.46 | Ru | -1.4 | Y | -0.7 |
| Cu | 1.83 | Mn | -9.8 | Sc | -19 | Yb | 30 |
| Dy | -1.8 | Mo | 5.6 | Sm | 1.2 | Zn | 2.4 |
| Er | -0.1 | Na | -6.3 | Sn | -1 | Zr | 8.9 |

반도체의 Seebeck 계수는 doping level에 크게 의존하며, 소재의 극성 (polarity)은 반도체 소재에 따라 다르다. 〈그림 4-11〉처럼 반도체의 Seebeck 계수는 doping level이 증가할수록 빠르게 증가하지만 임계점에 도달하면 이 후부터는 감소하게 된다.

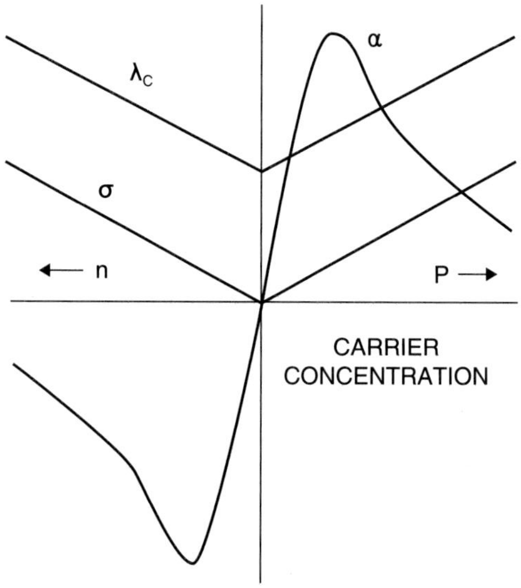


**그림 4-11** 운반자 농도에 따른 전기전도도, 열전도도 및 Seebeck 계수

열전 재료의 성능은 Z (figure of merit) 값으로 나타내고 있지만, 일반적으로 재료의 용융점이 낮아 Z값 자체가 높더라도 수치 자체는 실용적으로 큰 의미가 없다. 따라서 〈표 4-5〉에 열전 반도체 재료의 Z값, 최대 동작 온도(TH), 무차원 ZTH값 및 효율을 나타내었다.

**표 4-5** 열전 반도체 재료의 성능 지표

| Materials | $Z(k^{-1}x10^3)$ | $T_H(K)$ | $ZT_H$ | $\eta(\%)$ |
|---|---|---|---|---|
| $Bi_2Te_3$ | 2.0 | 450 | 0.9 | 5.4 |
| $BiSb_4Te_{7.5}$ | 3.3 | 450 | 1.5 | 7.6 |
| $Bi_2Te_2Se$ | 2.3 | 600 | 1.38 | 11.1 |
| PbTe | 1.2 | 900 | 1.08 | 12.6 |
| CeS(=Ba) | 0.8 | 1300 | 1.04 | 14.3 |

열전 반도체 재료의 효율은 다음 식으로 계산한다.

$$\eta = \frac{(1+Z\langle T\rangle)^{1/2}-1}{(1+Z\langle T\rangle)^{1/2}+T_C/T_H}\ \frac{T_H-T_C}{T_H}$$

여기서 $T_C$는 300K 기준으로 하였으며, $BiSb_4Te_{7.5}$ 열전 반도체 재료의 경우 Z값은 높아도 최대 동작 온도가 낮아 상대적으로 효율이 낮으며, 반면에 PbTe 열전 반도체 재료의 경우는 Z값은 낮아도 최대 동작 온도가 900K로 높아서 TC를 300K로 유지해주면 열전 변환 효율이 12.6%로 높다.

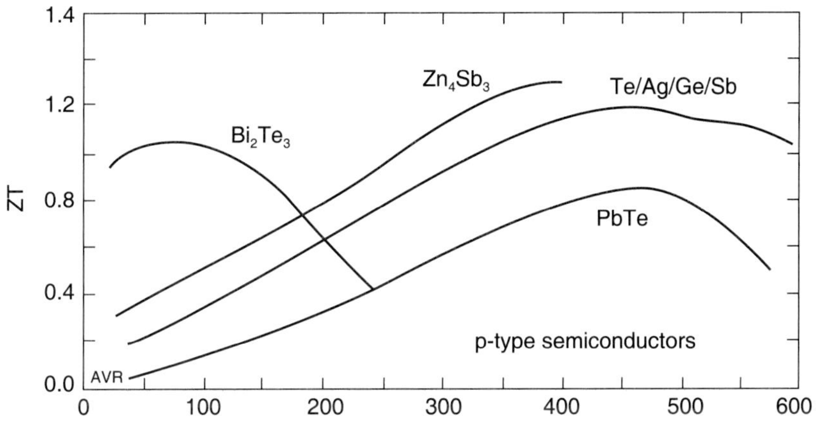


**그림 4-12** p-type 반도체 열전 재료 별 ZTH값의 온도 의존성

$ZT_H$값은 무차원 값으로서 반도체 재료별로 최대 성능이 발휘되는 온도 범위가 있다. 예를 들어, 100℃ 범위에서는 $Bi_2Te_3$ 재료의 성능이 가장 높으며, 500℃ 범위에서는 PbTe 재료의 성능이 가장 높아, 1960년대에 광범위하게 사용되었다. 최근 500℃ 온도범위에서는 TAGS(tellurium/antimony/germanium/silver) 재료가 선호되고 있다. 350℃ 범위에서는 $Zn_4Sb_3$ 재료의 성능이 우수하다. $ZT_H$값의 온도 의존성을 p-type 반도체 재료 별로 〈그림 4-12〉에 나타내었다. PbTe의 경우 Na로 도핑한 경우 p-type 반도체가 되고, lead iodide로 도핑하는 경우 n-type 반도체를 형성하게 된다.

최근 상온에서 매우 높은 ZT 값을 갖는 재료들이 실험실적으로 보고되고 있으며, p-type $Bi_2Te_3/Sb_2Te_3$ 초격자의 경우 상온에서 ZT값이 2.4에 도달하였다. 여러 가지의 발전기 중에서도 신뢰성과 함께 제조의 단순성으로 인해 열전 변환 발전기는 발전 효율 자체보다는 무인 동작이 가능하기 때문에 다음과 같이 응용분야가 매우 많다.

1) 태양으로부터 멀리 있어 태양발전이 안되는 경우의 우주선의 동력
2) 발전 설비의 topping cycle로의 응용
3) 해상 원유 채취 설비의 동력
4) 정전시 대비한 가정용 전원
5) 자동차용 보조 전원
6) 폐열 활용 발전 장치 등

열전 재료의 응용에서 Peltier 효과는 가역반응이다. 따라서 열흐름의 방향은 전류의 방향에 따라 변하기 때문에 저온부에서 고온부로 열을 이동시키게 되면, 냉장고 및 열 펌프의 기능을 수행하게 된다. 다음은 단순한 설계를 위해서 α(Seebeck 계수), Λ(열전도도) 및 R(저항) 값이 온도에 무관하다는 가정 하에 금속재료를 이용한 열전 변환 장치 설계 방안을 검토하고자 한다.

〈기본 가정〉

α (Seebeck 계수) = 0:055V/K,

Λ (열전도도) = 0.25 W/K

R (저항) = 4.2 Ω

TC = 278 K

TH = 338 K

ΔT = 60 K

PC (heat power $T_{cold} \rightarrow T_{hot}$)

$$P_C = -\Lambda\Delta T + \alpha T_C I - \frac{1}{2}RI^2$$

$$P_C = -15.0 + 15.29I - 2.1I^2$$

열 이동을 위해 필요한 전기에너지($P_E$)

$$P_E = \alpha\Delta TI + RI^2$$

열 펌프의 성능 지수($\phi_c$) = PC (heat power $T_{cold} \rightarrow T_{hot}$) / PE

$$\phi_C = \frac{-\Lambda T + \alpha T_C I - \frac{1}{2}RI^2}{\alpha\Delta TI + RI^2}$$

손실이 없는 열전 재료 (R = 0, $\Lambda$ = 0)를 가정하면

$\phi c$ = TC /$\Delta$T = Carnot 효율 = 4.63이 된다.

〈그림 4-13〉은 $P_C$와 전류의 관계를 나타낸 것이다.

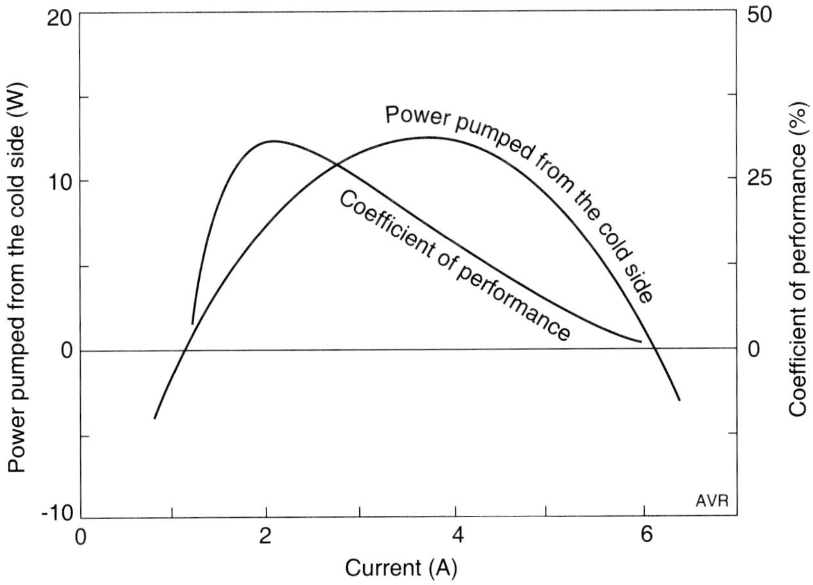


**그림 4-13** PC(heat power)와 I(전류)의 관계

I 〈 0 경우는 열이 고온부에서 저온부로 이동 (열역학 2법칙)

I = 0 경우는 Peltier 효과 없으며 열전도에 의해 열이 저온부로 이동

I 〉 0 경우는 Peltier 효과로 인해 열이 저온부에서 고온부로 이동

점차 전류가 많이 흐르게 되면, 열전 재료의 자체 저항으로 인한 Joule 열이 발생하면서 Peltier 효과를 상쇄하게 되어 열 펌프 기능을 감소시키게 된다.

열전 변환 소재를 활용한 열 펌프의 열 이동 효율을 전류 변화에 따라 그림에서 고찰해 보았는데, 최대 성능을 얻기 위한 전류 값을 구해 보도록 한다. 예를 들어, 열 펌프의 최대 효율을 내는 전류가 3.64A 이고 이때의 최대 heat power는 12.83 W이다. 이 경우 가장 낮은 온도에 도달하는 경우에 PC = 0이 된다. 즉,

$$\frac{\alpha^2 T_C^2}{2R} = \Lambda (T_H - T_C)$$

$$T_{C_{\min}} = \frac{-1+\sqrt{1+2ZT_H}}{Z}$$

$$Z = \frac{\alpha^2}{\Lambda R}$$

이때의 Z = 0.00288 $K^{-1}$, TCmin = 249 K, I = 3.26 A이고 haet power는 0이 되어 최소 249 K를 얻게 된다. 열 펌프의 성능이 최대가 되는 전류를 구하기 위한 설계 방식을 좀 더 구체적으로 검토해 보도록 한다.

$$\frac{d\phi_C}{dl} = (-\Lambda\Delta T + \alpha T_C I - \frac{1}{2}RI^2)(-1)(\alpha\Delta TI + RI^2)^{-2}(\alpha\Delta T + 2RI) + (\alpha\Delta TI + RI^2)^{-1}(\alpha T_C - RI) = 0$$

열 펌프의 성능, $\phi_C$를 최대화하는 조건은

$$I = \frac{\alpha \Delta T}{R(m-1)}$$

$$I = \frac{\Lambda \Delta T}{\alpha \langle T \rangle}(m+1)$$

최적화된 열 펌프 성능 지수 $\phi C_{opt}$는 다음과 같다.

$$\phi_{C_{opt}} = \frac{T_C}{\Delta T}\left(\frac{m - T_H / T_C}{m+1}\right)$$

$$m = \sqrt{1 + Z\langle T \rangle}$$

$$m = \sqrt{1 + Z\langle T \rangle} = \sqrt{1 + 0.00288 \times \left(\frac{338 + 278}{2}\right)} = 1.374$$

$$\phi_{C_{opt}} = \frac{278}{338 - 278}\left(\frac{1.374 - 338/278}{1.374 + 1}\right) = 0.308$$

이 때 열 펌프의 최대 성능 지수를 얻기 위한 전류의 크기는 다음과 같이 계산된다.

$$I = \frac{\alpha \Delta T}{R(m-1)} = \frac{0.055 \times (338 - 278)}{4.2 \times (1.374 - 1)} = 2.10 \quad A$$

〈표 4-6〉은 100W의 heat power를 저온부 258 K에서 고온부 323 K로 이동시키는 열 펌프에서 2종류의 전원 공급 장치를 비교하여 효율을 분석한 것이다. 첫 번째 전원장치는 PC를 최대화시킨 전원으로 최소의 전지 용량을 나타낸 것이고, 두 번째 전원장치는 $\phi C_{opt}$를 최대화시킨 전원의 요구 용량을 나타낸 것이다. 〈표 4-6〉에서 $\phi C_{opt}$를 최대화시키기 위해서는 전원 용량이 커야함을 알 수 있다.

**표 4-6** 100W의 heat power를 이동시키는 2종류의 전원 용량 비교

| Point of Operation | No. of Cells | $P_E$(W) | $P_H$(W) | $\phi_C$ |
|---|---|---|---|---|
| Max $P_C$ | 100 | 540 | 640 | 18.5% |
| Opt. $\phi_C$ | 161 | 336 | 436 | 29.7% |

〈그림 4-14〉는 열 펌프 (Tellurex CZ1-1.0-127-1.27, $\alpha$ = 0.000433 V/K)에 사용되는 열전 변환 소재의 특성을 나타낸 것이다.

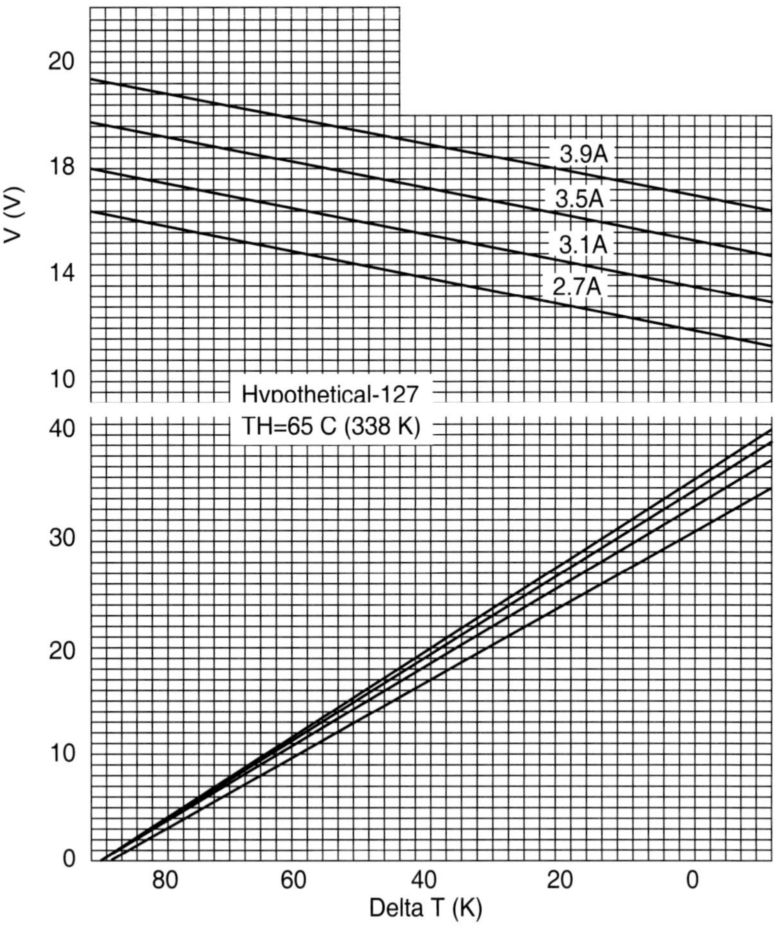


그림 4-14 열 펌프에 사용되는 열전 변환 소재의 특성

제 5 장

# Bi-Te계 열전 재료 벌크 및 나노선 제조

열전 소재 양단의 온도 차에 의하여 전압이 발생하는 Seebeck 효과와 소재 양단간에 전류를 통하면 일단이 발열하고 타단이 흡열하

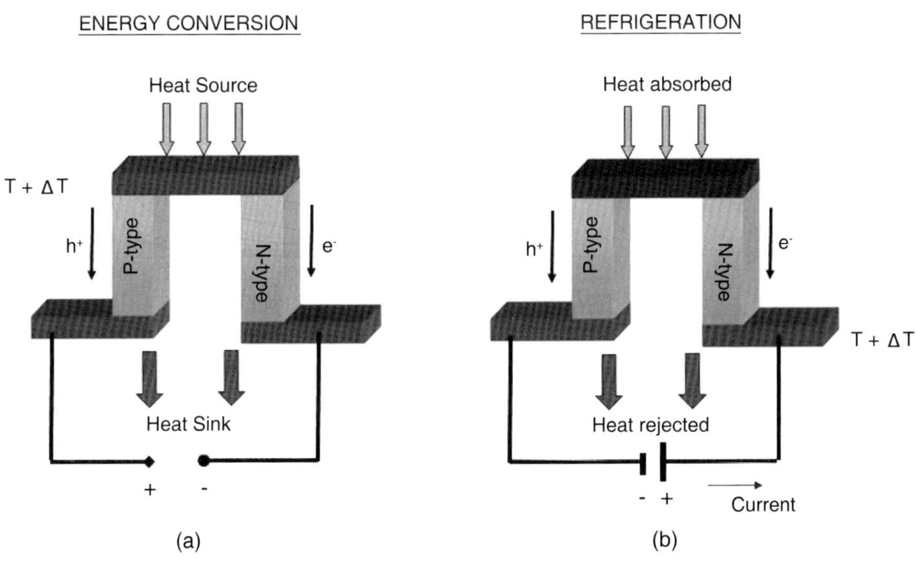


**그림 5-1** (a) 열전발전 모듈의 모식도 (b) 열전 냉각 모듈의 모식도

는 Peltier 효과를 나타내는 열전 재료는 에너지 직접 변환이 가능한 재료로서 열전 냉각이나 열전발전 분야에 응용하기 위하여 많은 연구가 진행되고 있다. 〈그림 5-1〉(a)와 (b)에 각기 열전 재료를 이용한 열전발전모듈과 열전 냉각 모듈의 모식도를 나타내었다.

열전 재료의 성능 지수는 일반적으로 온도의존성이 크므로 넓은 온도 범위에 걸쳐 한 종류의 열전 재료 만을 사용하는 것은 비효율적이기 때문에 사용 온도 영역에서 가장 적합한 열전 재료를 선택하여야 한다. 열전 냉각의 용도로 사용하기 위한 열전 재료로는 상온 부근에서 p형과 n형 재료의 성능 지수가 가장 우수한 $(Bi,Sb)_2Te_3$ 및 $Bi_2(Te,Se)_3$ 조성의 $Bi_2Te_3$계 고용체 합금이 가장 적합한 것으로 알려져 있다. 현재 열전 냉각 모듈의 제조에 사용되고 있는 단결정 열전 재료는 대량 생산하기 어렵고 또한 벽개면을 따라 쉽게 쪼개지는 등 기계적 취약성을 지니고 있어 이를 이용한 열전 냉각 소자는 제조 단가가 높아질 뿐 아니라 사용 도중에 신뢰도가 떨어지는 등의 문제점이 있다. 특히 마이크로 열전 냉각 모듈의 경우 열전소자의 크기가 매우 작기 때문에 벽개면을 따라 쉽게 쪼개지는 단결정을 원하는 크기로 절단하는 것이 거의 불가능하게 된다.

이와 같은 문제점을 해결하기 위해 최근에는 열전 재료를 미세 결정화함으로써 강도를 증가시킨 다결정 열전 재료를 개발하였으며, 이를 제품에 응용하기 위하여 성능 지수 향상에 관한 연구가 활발히 진행되고 있다. 현재 전 세계적으로 40mm × 40mm × 3.8mm 크기의 범용 열전 냉각 모듈을 생산하고 있으며, 광통신 부품의 정밀 온도 제어를 위한 8mm × 10mm × 2.5mm 이하 크기의 마이크로 냉각 모듈은 기술력이 우수한 일부 회사에서 생산되고 있다.

$Bi_2Te_3$계를 포함하여 이제까지 개발된 열전 재료에서 ZT의 최댓값은 1 정도로, 〈그림 5-2〉에서와 같이 에너지 변환 효율이 다른 냉각 방식이나 발전 방식에 비해 낮다는 문제점이 있기 때문에 열전 냉각이나 열전발전의 응용에 가장 큰 장애물로 작용하고 있다. 이에 따라 전 세계적으로 열전 재료의 성능 지수를 향상시키기 위한 연구가 활발히 진행되고 있다.

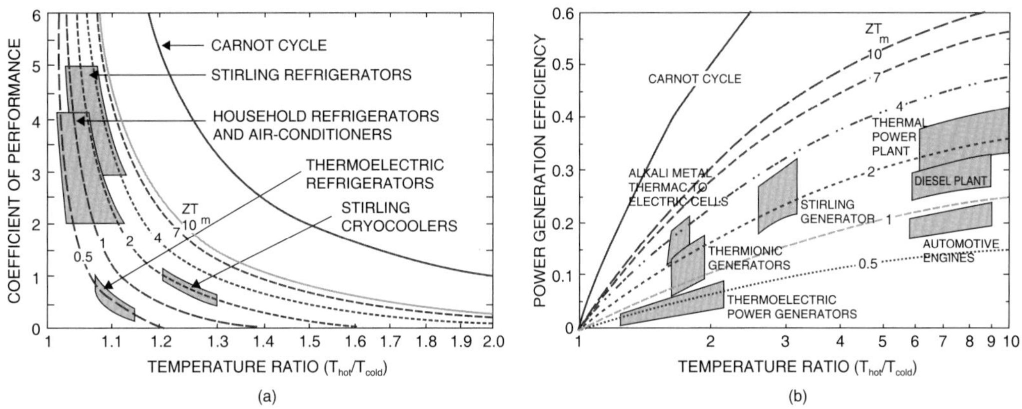


**그림 5-2** 열전 변환 방식과 타 방식과의 (a)냉각 효율 및 (b)발전 효율

즉, 열전 재료의 무차원 성능 지수가 현재의 1에서 1.5 이상으로만 향상되어도 열전 재료가 가지는 장점으로 인해 열전 냉각이나 열전 발전 분야에서 새로운 수요창출이 무궁무진할 것으로 예측되고 있어, 다결정 bulk 열전 재료의 성능 지수 향상에 심혈을 기울이고 있다. $Bi_2Te_3$계 bulk 다결정 열전 재료에서도 격자 열전도도를 감소시킴으로써 성능 지수를 향상시키기 위해 다원계 합금화, phonon 산란센터의 첨가 등 격자 열전도도를 감소시킬 수 있는 다양한 방법이 연구되고 있다.

Bulk 다결정 열전 재료에 관한 연구와 더불어, 미국과 일본 등 선진국에서는 열전 변환 분야의 새로운 지평을 열기 위한 핵심 기술로서 나노 스케일 열전 재료의 개발이 시작되고 있다. 2차원의 초격자나 1차원의 나노 와이어와 같은 나노 스케일의 열전 재료에서는 전하 및 열 이동을 조절함으로써 ZT가 2.5~3배 정도 크게 향상될 것으로 보고되었다. MIT의 Dresselhaus에 의해 quantum well 등의 저차원 열전 재료에서 성능 지수의 급격한 향상이 이론적으로 보고된 이후, 미국의 RTI 연구소 등에서 MOCVD법을 사용하여 $Bi_2Te_3/Sb_2Te_3$ 초격자에 대한 연구를 수행하고 있으며, JPL 연구소와 U.C. Berkely, USC 대학 및 일본의 동북대학 등에서는 나노선 형태의 열전 재료를 구현하기 위한 연구가 활발히 진행되고 있다. 특히, 나노선의 경우 표면/계면의 면적이 초격자보다 더 증가하기 때문에 ZT가 더 크게 향상되며, 초격자에 비해 저가의 제조 공정이 가능할 것으로 기대되고 있다.

본 장에서는 $Bi_2Te_3$계 벌크 열전 재료와 관련하여 기계적 합금화법과 펄스통전 가압소결법을 조합한 공정 기술을 이용하여 열전소자 조직의 미세 제어 기술에 대한 내용을 소개한다. 기계적 합금화법과 펄스통전 가압소결법을 접목하여 조직을 미세화하는 것과 더불어 $ZrO_2$, Ag, P 등의 미세분산 · 석출 및 결정 배향 제어를 동시에 이룩함으로써 열전 성능 지수의 현저한 향상을 기대할 수 있다.

열전 재료의 에너지 변환 효율은 Seebeck 계수 $\alpha$, 전기전도도 $\sigma$ 및 열전도도 $\kappa$에 의해 결정되는 성능 지수 $Z(= \alpha^2 \cdot \sigma/\kappa)$에 의존하며, 성능 지수의 향상을 위해서는 Seebeck 계수 $\alpha$와 전기전도도 $\sigma$의 증가와 더불어 열전도도 $\kappa$의 감소가 요구된다. Seebeck 계수 $\alpha$, 전기전도도 $\sigma$ 및 열전도도 $\kappa$는 물질 고유의 특성이며, 지금까지의 열전 재료와 관련한 많은 연구들이 원소의 조합과 조성을 변화하여 뛰어난 Peltier 효과를 나타내는 재료를 찾는 데 주안점을 두어왔다. 최근에는 Seebeck 계수 이외의 특성은 결정의 방위와 결정입계의 존재에 따라서 크게 영향을 받는 것으로 인식되어 재료의 조직 제어에 의하여 성능 지수를 향상시키고자 하는 생각이 중요시되고 있다. 그러나 효과적인 조직 제어법은 아직 확립되어 있지 않다.

본 장에서는 $Bi_2Te_3$계 열전 재료의 성능 지수 향상을 위해 1) 기계적 합금화법과 펄스통전 가압소결법을 접목한 조직 미세화 기술, 2) $ZrO_2$, Ag, P 등을 모상 중에 분산 · 석출시켜 고성능화하는 공정 기술과, 3) 조직을 일방향으로 규칙적으로 배향 제어 가공하는 3개 공정 기술을 융합하여 조직 제어 기술을 수립하고자 하며 이와 같이 몇 개의 공정 기술이 융합된 공정을 소개한다.

기계적 합금화법과 펄스통전 가압소결법을 조합한 공정을 이용하여, 조직을 미세 제어한 열전 소자는 실온에서 p형 $(Bi_{0.2}Sb_{0.8})_2Te_3$의 경우, $3.2\times10^{-3}$/K의 성능 지수를 나타내었으며, n형 $Bi_2(Te,Se)_3$의 경우에는 단결정의 $2.8\sim3.0\times10^{-3}$/K에 필적하는 성능 지수가 얻어졌다.

이와 같은 열전 특성의 개선은 기계적 합금화에 의하여 제조된 합금 분말이 기존의 용해-분쇄법으로 제조한 합금 분말에 비하여 입자 직경이 비교할 수 없을 정도로 미세하고(nm크기), 합금 성분이 균질하기 때문이다. 또한 펄스통전 가압소결 시에 압분체 입자 간극에 직접 펄스상의 전기에너지를 투입하여 불꽃 방전에 의하여 순간적으로 발생하는 고온플라즈마 (방전플라즈마)의 열확산, 전계확산 등에 의해 저온에서 고온까지 승온 및 유지 시간을 포함하여 소결 시간이 단시간으로 단축되었기 때문이다. 즉, 초미세한 합금분말을 낮은 온도에서 단시간 소결함으로써 미세한 결정립의 유지가 가능하며, 방전 플라즈마에 의한 소결체 내부의 불순물 제거에 의해 열전 특성의 개선이 이루어질 수 있었다. 따라서 기계적 합금화법과 펄스통전 가압소결법을 이용한 조직 미세화 기술에 일방향 배향 제어 기술을 부가하여 조직의 미세화에 따르는 전기적 성질의 저하를 억제할 경우 지금까지 p형 $(Bi_{0.2}Sb_{0.8})_2Te_3$와 n형 $Bi_2(Te,Se)_3$계 열전 재료의 한계 성능을 초과하는 우수한 성능 지수를 구현하는 것이 가능할 수 있을 것이다.

고성능 열전 변환 재료의 공정 기술에서 나노 스케일 열전 변환 장치는 전력 밀도의 향상이 가능하며 반응 시간이 짧고, 작은 온도 차하에서도 높은 전압을 발생시킬 수 있으며 시스템과의 일체화가 용이하다. 나노 스케일 열전 재료 기술은 MEMS 등 미세 장치의 동력원인 MPG(micro power generation)로 사용될 수 있으며, 장치에서 발생하는 폐열을 전기 에너지로 변환하는 데 필수적인 기술이다. 또한 열전 냉각용으로는 광전 부품이나 마이크로 센서의 정밀 온도 제어용 및 고효율 국부 냉각용을 비롯하여 열전 변환의 응용이 가능한 모든 산업 분야에서 실용화되어 파급 효과가 매우 클 것으로, bulk 다결정 열전 재료에 대한 성능 향상과 더불어 나노 열전 재료에 대한 연구가 요구된다.

양자 구속 효과로 인한 운동량의 제한 및 포논의 양자화는 열을 전달하는 포논의 수송 거리를 근본적으로 바꿀 수 있고 이를 위해 양자우물, 양자선과 같은 저차원계에서의 열전도도 감소 효과를 시도하는 연구들이 많이 이루어지고 있다. 양자 우물이 성장 방향으로 밴드갭이 큰 물질로 둘러싸여 1차원 구속을 하는 반면 양자점 혹은 나노결정은 3방향 모두에서 공간적인 구속이 가해지기 때문에 벌크와는 판이하게 다른 물리현상이 유도된다. 특히 포논의 경우 분산이 없어지고 양자화된 모드만 존재하므로 열전 계수가 크게 줄어든다. 기존 반도체 에피텍샬 성장 기술을 활용할 경우 보통 10 nm 이상의 양자점이 비균질한 크기로 무작위로 제작되는 반면, 화학적 합성법으로 양자점(일명 나노 결정)을 제작할 경우 수 nm 정도의 균질한 입자를 자유롭게 합성시킬 수 있다. 또한 core-shell 구조를 통해 나노결정의 표면 상태에 에너지가 큰 반도체 물질을 코딩하는 방법으로 3차원 구속 효과를 증진시키고 표면에서 일어나는 다양한 포획현상을 감쇠시킬 수도 있다. 따라서 이러한 다양한 원천 기술은 열전소자 물질로 활용한 경우 여러 가지 소자의 구동 환경에 적합하게 변형할 수 있는 장점이 있다.

나노 결정을 열전소자로 활용할 경우 다음과 같은 장점이 기대된다. 1) 구속 효과로 인한 나노 결정의 전자에너지는 Seebeck 계수를 절대적으로 증가시켜 열전 성능 지수를 증가시킬 수 있다. 2) 양자점과 같이 3가지 방향으로 모두 구속 효과가 적용되는 저차원계의 경우 열전도도가 아주 크게 줄어든다. 왜냐하면 포논의 진행에 연속적으로 전달되는 벌크와는 달리 서로 거리를 두고 떨어져 있는 양자점을 지나가기엔 많은 장애가 있어 포논의 열 수송이 혁신적으로 감소하여 열전도도는 혁신적으로 감소한다. 나노결정을 활용할 경우 열전 성능 지수 2 정도가 충분히 예상되며 4까지도 가능하리라 예측된다. 이 값은 현재 활용되고 있는 열전 성능 지수의 배 이상이 되는 값이며 차세대 열전소자로의 혁신적으로 개혁을 의미한다.

이러한 열 문제의 근본적인 해결은 반도체 chip의 집적화에 가장 큰 걸림돌이 되고 있는 열 발생으로 인한 장벽을 뛰어넘을 수 있는 핵심 기술이 될 수도 있으리라 기대된다. 액체의 열전도성을 효과적으로 향상 시킬 수 있는 물질 개발은 실제 기술적인 면보다 열전도성이 향상되는 기구를 근본적으로 이해하는 것이 중요하다. 금속이나

유전체 물질을 이용한 나노 유체의 열적 성질에 대한 연구가 이루어지고 있지만 반도체 나노 결정을 이용한 나노 유체 연구도 열전 재료 성능 개선에 중요한 연구가 된다.

단결정 및 다결정 열전 소재인 $(Bi,Sb)_2Te_3$ 및 $Bi_2(Te,Se)_3$ 가압소결체의 조성에 따른 Seebeck 계수를 〈그림 5-3〉에 나타내었다. 한편

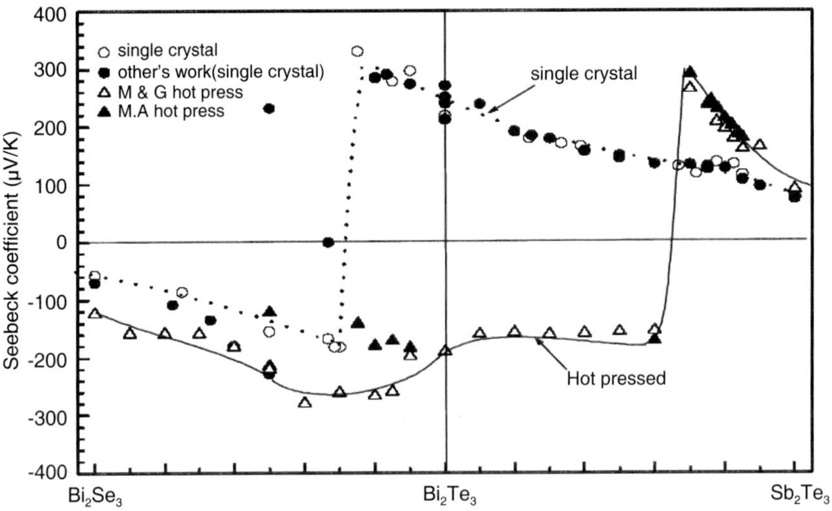


**그림 5-3** $(Bi,Sb)_2Te_3$ 및 $Bi_2(Te,Se)_3$ 단결정과 소결체의 Seebeck 계수

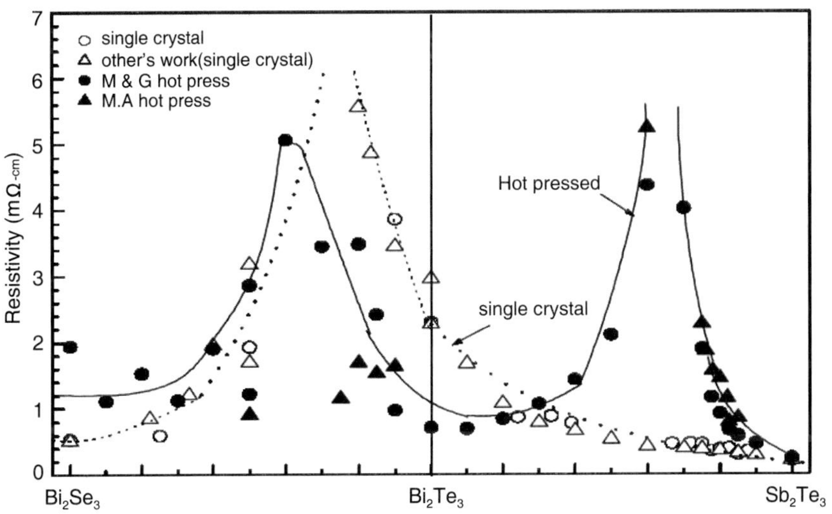


**그림 5-4** $(Bi,Sb)_2Te_3$ 및 $Bi_2(Te,Se)_3$ 단결정과 소결체의 전기 비저항

단결정 및 다결정 열전 소재인 $(Bi,Sb)_2Te_3$ 및 $Bi_2(Te,Se)_3$ 가압소결체의 조성에 따른 전기 비저항의 변화 거동을 〈그림 5-4〉에 나타내었다.

$(Bi,Sb)_2Te_3$ 및 $Bi_2(Te,Se)_3$ 단결정과 가압소결체에서 조성에 따른 Seebeck 계수와 전기비저항의 변화거동을 비교하여 보면, 단결정은 $(Bi,Sb)_2Te_3$의 전 조성 영역에서 p형 전도를 나타내며 $(Bi,Sb)_2Te_3$ 합금의 약 30% $Bi_2Se_3$ 조성에서 p-n 전이가 발생하나 다결정 가압소결체는 $(Bi,Sb)_2Te_3$합금의 약 67% $Sb_2Te_3$ 조성에서 p-n 전이가 발생하며 전 조성영역의 $Bi_2(Te,Se)_3$에서 n형 전도를 나타내고 있다.

기존의 ingot를 파쇄한 후에 냉간 또는 열간 압축하는 공정과 비교하여, 열전소자 조직의 미세 제어 기술을 통한 고효율 다결정 벌크 열전 재료 개발을 위한 기계적 합금화(Mechanical Alloying ; MA) 및 통전가압소결(Pulse Discharge Sintering ; PDS) 공정은 소결 초기 단계에서 발생된 고온의 방전 플라즈마에 의해서 압분체가 자기 가열되고, 동시에 탄소 주형 또한 직류 전류에 의해서 발열되므로 매우 빠른 승온이 가능해서 취급이 쉽고 공정수를 줄이는 것이 가능하다. 또한, 펄스통전 가압소결법은 간접가열법(Hot pressing, 소결로)에 비하여, 입자 사이에서 형성된 방전 플라즈마는 입자 표면을 정화하거나 활성화시키고, 전기장에 의한 확산이 작용되어 치밀화를 촉진하여 낮은 온도와 짧은 시간에서 소결이 행해지기 때문에 조직의 미세화와 치밀한 소결체의 제조가 가능하다.

MA를 이용하여 합금을 만들기 위하여 본 실험에서는 AISI304 스텐리스 스틸용기와 지르코니아 볼을 사용하여 진동볼밀을 실시하였다. 완전한 합금화를 위하여 볼과 분말의 질량 비율을 산출하였으며 200시간 동안 25Hz의 진동볼밀을 이용하여 Ar(+5%$H_2$) 분위기에서 실시하였으며 XRD를 통하여 이를 관찰하였다. 열전 모듈 제조에 필요한 벌크상의 열전 재료를 얻기 위하여 Graphite Mold(내경 20, 15φ)를 이용하였다. MA를 통하여 준비된 분말을 예비 성형 후, 조건에 따라 400~800℃, 50~500MPa의 압력을 가하여 PDS 소결하였다. 금형 모양 및 소결 온도와 압력을 제어하여 다양한 조직의 재료를 얻을 수 있었으며 이에 따른 열전 특성들을 비교하였다.

Bi, Sb 등의 VB 족 Telluride계 합금은 300K 근처 상온에서 높은 성능 지수를 나타내어 열전 재료로써 도핑에 대해 많은 연구가 진행 중이다. 본 연구에서는 전기전도도를 향상시키기 위한 전하 운반자로서 dopant(Ag, Au)들과 열전도도의 제어를 위한 thermal barrier로서 dopant($Fe_3O_4$)를 사용하였다. 그리고 이방성에 따른 열전 특성의 변화도 측정 하였다. 각각의 원료 분말들은 모두 4N 이상의 고순도 분말을 이용하였으며 입도는 〈 180μm 이하의 분말들만 사용하고, dopant 첨가량에 따른 특성 변화 및 조직 변화를 관찰한다.

Bi-Te계 열전 재료는 결정 방위와 배향 방향에 따라 그 특성이 다르게 나타난다. 따라서 조직을 일방향으로 규칙적으로 배향, 제어, 가공하는 3개 공정 기술을 융합하여 조직 제어 기술을 수립하였다. 일방향으로 규칙적으로 배향하기 위하여 〈그림 5-5〉와 같은 mold를 사용한다.

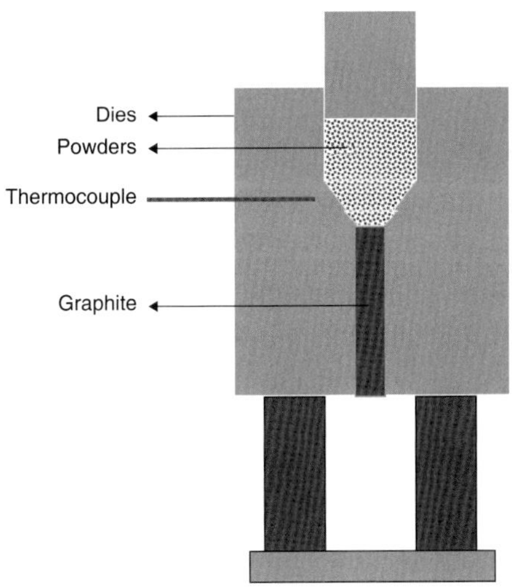


**그림 5-5** 압출 장치 모식도

기존의 주조에 의한 압출 방식이 아닌 PDS를 복합한 방법으로 소결이 진행되면서 분말에 가해지는 압력에 의하여 재료가 압출되어 나오면서 벌크로 성형되는 방법이다. 이러한 방법은 PDS 소결에 의해서 이루어진 조직 미세화에 의한 열전도도 감소 효과와 강도 증가뿐만 아니라 압출에 의해 배양된 조직에 의한 전기전도도 등의 열전 특성을 증가시켜 높은 효율의 열전 재료가 얻을 수 있는 장점이 있다. 이렇게 만들어진 재료는 〈그림 5-6〉과 같이 가압 방향에 대하여 수직 및 수평 방향으로 시편을 얻어 열전 특성을 측정한다.

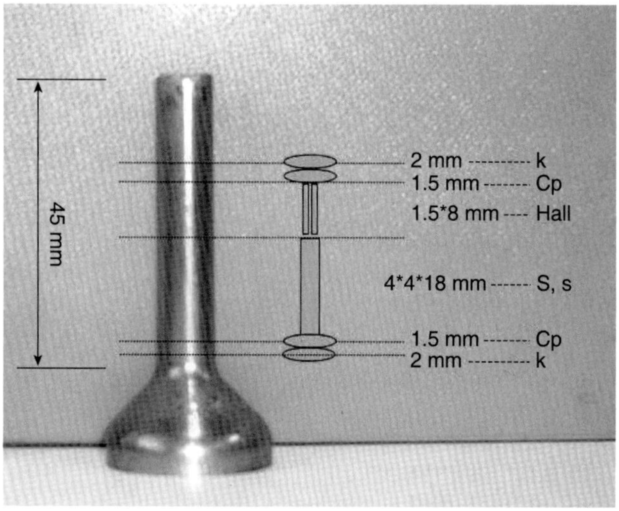


**그림 5-6 시편의 규격**

나노 스케일 열전 재료용 $Bi_2Te_3$의 제조는 전기도금법 공정을 이용하여 n형 $Bi_{1-x}Te_x$ 열전 박막을 성형하였다. 본 연구에서 사용한 전기도금법은 기타의 pressure infiltration, 기상증착법 등과 비교하여 경제성이 있으며, 특히 조성 제어에 있어서 전류 밀도 및 도금액의 조성에 따라 미세하게 조절이 가능한 장점을 가지고 있다. 전기도금법을 이용하여 n형 $Bi_{1-x}Te_x$ 열전 박막을 형성하기 위해 본 연구에서는 전기도금에 필요한 씨앗층(seed layer)으로 1μm 두께의 Ti를 DC 마크네트론 스퍼터링법을 이용하여 형성하였다. 1μm 두께의 Ti층은 $Bi_{1-x}Te_x$ 도금액을 제조하는 데 사용된 1M 질산수용액에 쉽게 부식되지 않으며 기판과의 접착력이 우수한 장점이 있다. 초기 $Bi_{1-x}Te_x$ 도금막 형성시 Ti계면에서 불균일한 도금막이 형성되는 것을 억제하기 위해 도금 초기 30초 동안에는 인가 전류 밀도의 10배로 씨앗층인 Ti위에 다동성의 $Bi_2Te_3$ 도금막을 형성하여 $Bi_{1-x}Te_x$가 도금막이 국부적으로 형성되는 것을 억제한다.

〈그림 5-7〉은 나노 스케일 열전 재료용 $Bi_{1-x}Te_x$ 열전 박막의 전기도금 공정의 모식도를 나타내었으며, 〈그림 5-8〉에는 본 실험의 흐름도를 나타내었다. $Bi_2O_3$ 및 $TeO_2$ 분말을 각기 1M 질산수용액에 녹인 후 이들을 몰비를 변화시키며 혼합하여 Bi-Te 전기도금법 용액을

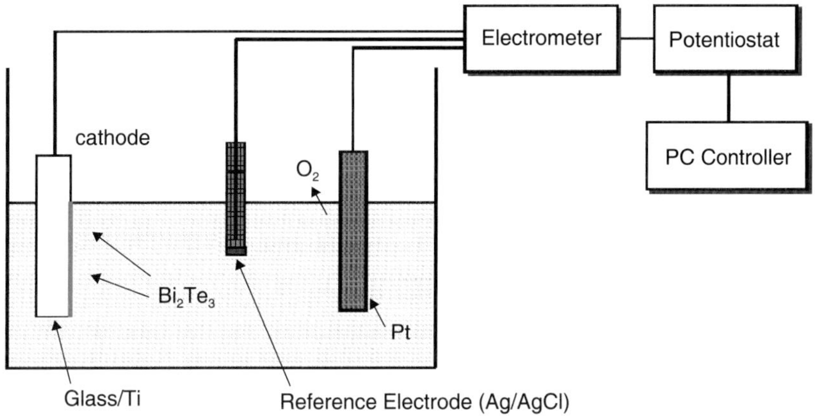


**그림 5-7** $Bi_{1-x}Te_x$ 열전 박막의 전기도금법 모식도

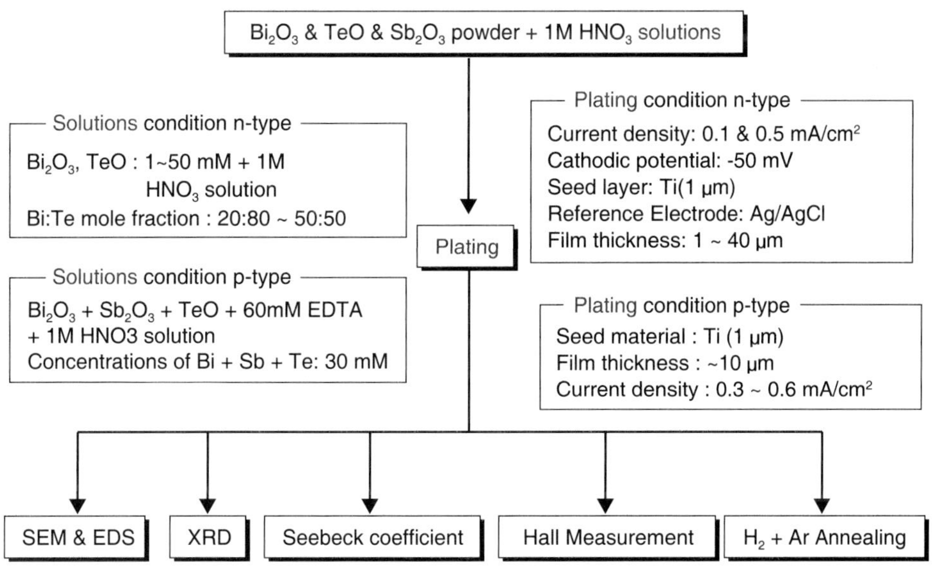


**그림 5-8** $Bi_{1-x}Te_x$ 열전 박막의 공정 흐름도

제조한다. Bi와 Te의 몰비에 따른 분극특성은 potentiostat를 사용하여 측정하며, 표준 전극으로는 Ag/AgCl (E=0.199V vs. SHE)을 사용한다. 인가 전류에 따른 전위차는 Potentio/Galvastat system을 통하여 측정한다.

본 도금 공정에서 20 mM 농도의 Bi-Te 도금 용액을 사용하여 형성한 $Bi_2Te_3$ 박막은 5μm 이하의 두께에서는 도금 seed 층인 Ti 층의 영향으로 -10 μV/K의 낮은 Seebeck 계수를 나타내나, 박막 두께가 5~40μm 범위에서는 박막 두께에 무관하게 -66 μV/K의 일정한 Seebeck 계수를 나타내었으며, 박막의 두께가 40μm일 때 $1.75x10^{-4}$ W/$K^2$m의 최대 power factor를 나타내었다. 이와 같은 연구 결과를 바탕으로 본 연구에서는 도금 시간의 단축을 위해 농도를 50mM로 증가시킨 Bi-Te 도금 용액의 형성 공정을 개발하여 $Bi_2Te_3$ 박막을 전기도금하였다. 또한 본 연구에서는 정전위(potentiostatic) 방식을 이용한 $Bi_2Te_3$ 박막의 전기도금 공정을 개발하였다. 이는 정전류 방식의 전기도금 공정에서는 도금 전류 밀도가 도금되는 면적에 영향을 받는 반면에, 정전압 방식에서는 도금되는 면적에 관계없이 기준 전극에 대한 일정한 전위를 음극에 형성하여 도금하기 때문이다. 따라서 나노 기공 충진 시 도금 면적을 정확히 계산할 수 없는 문제를 정전위 방식을 사용하여 해결하고자 하였다. 유리 기판에 전기도금 씨앗층으로 1 μm의 Ti를 DC 마그네트론 스퍼터링 방법으로 증착하였으며, 1M 질산수용액을 용매로 한 50mM 농도의 Bi 및 Te 혼합 용액을 제조하여 도금액으로 사용하였다. 도금액의 조성은 Bi 및 Te의 함량비에 따라 40mM Bi : 10mM Te~15mM Bi : 35mM Te로 변화시키면서 도금액의 조성에 따른 박막의 조성 변화 및 열전 특성의 변화를 관찰하였다.

전기도금법시 전류 밀도를 $1\times10^{-4}A/cm^2$과 $5\times10^{-4}A/cm^2$, 전기도금법 용액내 Bi와 Te의 몰비를 20:80~50:50, 전기도금법된 박막의 두께를 1~40μm로 변화시키며, 이들 공정 변수에 따른 $Bi_{1-x}Te_x$ 열전 박막의 조성, 결정구조 및 미세구조의 변화 거동을 분석하였다. $Bi_{1-x}Te_x$ 열전 박막의 조성은 EDS로 분석하였으며, XRD 회절 패턴을 이용하여 결정상을 분석하였다. $Bi_{1-x}Te_x$ 열전 박막의 미세구조는 주사전자현미경을 이용하여 관찰하였다. 전기도금법으로 제조한 n형 $Bi_{1-x}Te_x$ 박막의 Seebeck 계수를 측정하는 모식도를 〈그림 5-9〉에 나타내었다.

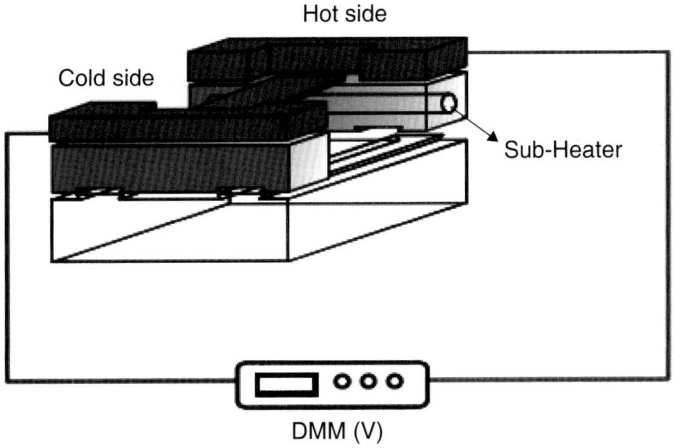


**그림 5-9** Seebeck 계수 측정 장치의 모식도

n형 Bi1-xTex 열전 박막의 전하 농도, 이동도 및 전기 비저항은 Hall 측정 장비를 이용하여 분석하였다.

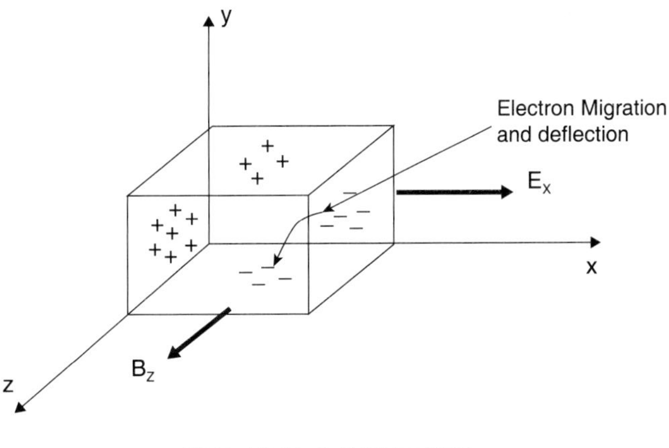


**그림 5-10** Hall 측정 모식도

〈그림 5-10〉에서 보는 것과 같이 전류 J가 자기장 B와 수직으로 교차되어 흐를 때 도체의 두면 사이에 J×B 방향으로 전기장이 발생하

게 되는데, 이를 Hall field라 하며 이러한 값을 이용하여 전하 농도와 이동도를 측정한다. $Bi_2Te_3$ 박막은 5μm 이하의 두께에서는 도금 seed 층인 Ti 층의 영향으로 -10μV/K의 낮은 Seebeck 계수를 나타내나, 박막 두께가 5~40μm 범위에서는 박막 두께에 무관하게 -66μV/K의 일정한 Seebeck 계수를 나타내며, 박막의 두께가 40μm일 때 $1.75\times10^{-4}W/K^2$-m의 최대 power factor를 나타낸다.

전기도금법에 의한 나노선 성형 공정은 다음과 같다. 200nm 크기의 기공이 형성되어 있는 알루미나 템프레이트에 스퍼터링법으로 전기도금 씨앗층으로 1μm 두께의 Ti를 형성하고 전극층으로 사용하기 위한 3μm 두께의 Cu층을 스퍼터링법으로 형성한다. 이와 같은 알루미나 템플레이트에 n형 $Bi_2Te_3$ 및 p형 BiSbTe를 전기도금하여 나노기공을 채워 n형 $Bi_2Te_3$ 및 p형 BiSbTe 나노선을 형성하였다. 알루미나 템플레이트에 n형 $Bi_2Te_3$와 p형 BiSbTe를 순차적으로 전기도금하여 나노기공을 채움으로서, n형 $Bi_2Te_3$와 p형 BiSbTe 나노선 묶음이 전기적으로 직렬, 열적으로는 병렬연결된 p-n array를 형성하게 된다.

나노 구조인 저차원 $Bi_2Te_3$내에서의 전기전도 및 열전도 현상과 크기 효과에 대해 고찰한다. 수송이 이루어지는 경계(boundary) 크기가 작아질 경우 Seebeck 계수, 열전도도, 전기전도도 모두 벌크의 경우와 다르게 열전 성능 지수(ZT)의 향상을 보여준다. 특히 그 경계의 크기가 양자역학적 효과가 두드러지는 드브로이 파장에 근접할 정도의 나노 크기인 경우 두드러진 변화를 보여준다. 나노 성장 기술의 도움으로 최근엔 2차원 다중 양자우물 혹은 박막, 1차원 나노선를 활용하여 열전 성능 지수 향상을 시도하고 있다. 따라서 $Bi_2Te_3$ 계열의 벌크에 관한 열, 전기 수송 현상에 대한 이해를 토대로 저차원 나노 구조내에서 일어나는 캐리어와 포논의 수송 현상의 특이성을 크기효과의 관점에서 이해할 필요가 있다. 특히, 온도가 낮을 경우 Umklapp 산란에 의한 포논의 평균 자유 경로가 시료의 크기와 유사해져서 포논-포논 충돌과 관련한 열전도도 감소 현상이 두드러질 것으로 예측되므로 포논에 의한 열전도도는 주파수 크기별로 영역을 구분하여 분석하는 것이 용이한데, 격자 결함이나 불순물은 주로 고주파 포논 산란에 관여하고 Umlkapp 산란은 중간 주파수 영역에 해당된다.

벌크의 경우 극저온 영역에서만 우세했던 grain boundary에 의한 포논 산란은 저주파 영역을 보충해 준다. 특히 이 효과는 fine-grained solid solution인 경우 고온에서도 두드러진다. 2차원 양자 우물 초격자(super lattice)의 경우 구속 효과와 포논의 경계 산란 효과로 인한 열전도도의 감소로 성능 지수 향상이 50%까지 이루어진다는 것이 보고되었다. 적합한 장벽 물질(~1eV)이 가능할 경우 1차원 나노선의 경우 포논의 경계 산란을 보다 효율적으로 증대시켜 열전도도를 보다 효율적으로 낮출 수 있다. 또한 2차원의 우물 구조보다 구속 효과가 크므로 에너지 띠 간격을 증대시킬 수 있다. 따라서 1차원 나노선의 경우 intrinsic 효과를 줄이고 extrinsic한 성질을 증대시킬 수 있다. 결과적으로 전기, 열전도도에 모두 영향을 미치고 열전 성능 지수를 향상시키게 된다. 대신 1차원 계에서는 포논의 분산과 포논과 전자의 상호작용에 관한 차원적 특이성을 고려할 필요가 있다. 〈그림 5-11〉에 나노선 크기에 따른 열전도도와 온도의 관계를 나타내었다.

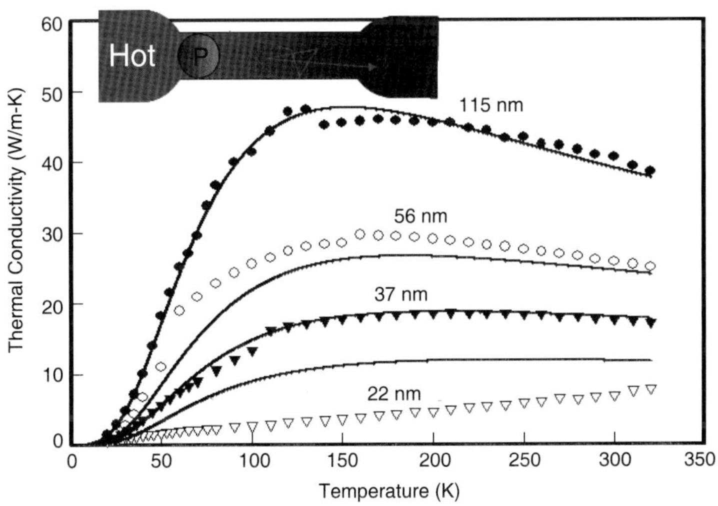


**그림 5-11** 나노선 크기에 따른 열전도도와 온도의 관계

나노선의 구속 효과로 인한 열전도도의 감소 효과를 정량적으로 이해하기 위해 Bi 나노선의 밴드 구조와 semiclassical 수송 모델을 활용하여 1차원 구조의 열전 성능 지수를 나노선의 반경과 방향에 따라 이론적으로 계산하였다. 특히 n-type의 경우 반경이 10nm 이하일 경우 trigonal 방향에 대해 1 이상의 열전 성능 지수를 가장 잘 향상시키는 것으로 예측된다. 이와 같은 나노선의 열전 성능 지수의 방향 의존성은 1차원 구조에서 유효 질량의 방향 의존성으로 이해할 수 있다. 즉 1차원 열전 계수에 대해 최적 페르미 에너지 준위는 가장 낮은 전도대 준위의 아래 혹은 근처에 위치해 있다. 따라서 반도체 Bi 나노선의 페르미 에너지는 최적 페르미 에너지 근처에 위치하게 된다.

1차원 모형의 경우 단일 밴드 모델을 적용하게 되는데 thermal fluctuation은 밴드갭이나 준에너지 간격보다 작은 값을 가지게 된다. 1차원 Seebeck 계수의 경우 밴드 구조에 거의 무관하고 오히려 페르미에너지 준위에 의해 결정이 되므로 열전 성능 계수는 전기전도도나 열전도도에 영향을 받는 유효 질량에 의해 결정된다. 이러한 페르미 에너지 준위 영역에서는 적은 전자밀도에 의해 전자의 열전도도는 상대적으로 작고 대부분의 열전도는 포논에 의한 열전도도이다.

열전도도 κ는 비열(C), 평균수송속력(v), 평균 자유 이동 거리(l)에 의존하게 된다. 캐리어(전자 또는 정공)에 의한 열전도도인 경우, Fermi-Dirac 분포와 자유 전자의 상태 밀도로부터 비열을 구할 수 있다. 초기 도핑 농도를 알고 있을 경우 온도에 따른 페르미 에너지를 정의할 수 있고, 이를 통해 캐리어에 의한 비열의 온도 의존성은 온도에 선형적인 의존성을 보임을 알 수 있다. 페르미 에너지 근처에서의 평균 속력을 이용할 경우 캐리어에 의한 열전도도는 농도와, 온도, 평균 충돌시간에 의존함을 알 수 있다.

열전도도와 전기전도도는 Lorentz 수($L = \kappa/\sigma T$)를 통해 그 기울기를 알 수 있다. 대부분의 경우 캐리어에 의한 열 수송이 격자진동에 의한 것보다 훨씬 더 우세한 역할을 하지만 포논에 의한 열 수송 역시 중요한 대상이 된다. 즉 포논의 산란체를 열전 재료에 삽입하여 열 전달 계수를 줄일 경우 열전 성능 지수를 높일수 있기 때문이다. 격자진동에 의한 열 전달의 경우에도 포논을 준입자로 취급하여 캐리어들의 경우 이용되었던 수송 모델을 이용할 수 있다. 즉, 미시적으로 포논이 열적 효과에 의해 임의의 방향으로 진행하며 서로 충돌하면서 거시적인 두 구간의 온도 차구배에 비례하여 열을 전송해 주는 것이다.

Bi 나노선의 경우 semiclassical 수송이론을 도입하여 열 수송 계수를 얻을 수 있다. Trigonal 축 방향으로 도너의 농도를 조절하여 다른 나노선 크기에 따른 열전 계수를 이론적으로 계산한 바에 따르면 77K에서 도너의 농도가 $10^{18}cm^{-3}$에서 열전 성능 지수는 6까지 올라갈 수 있음을 〈그림 5-12〉에 나타내었다. 따라서 수송 이론은 나노선의 직경, 열전 성능 지수, dopant 농도변화에 따른 최적의 나노선 특성 조건을 제시할 수 있는 이론 모형임을 보이고 있다.

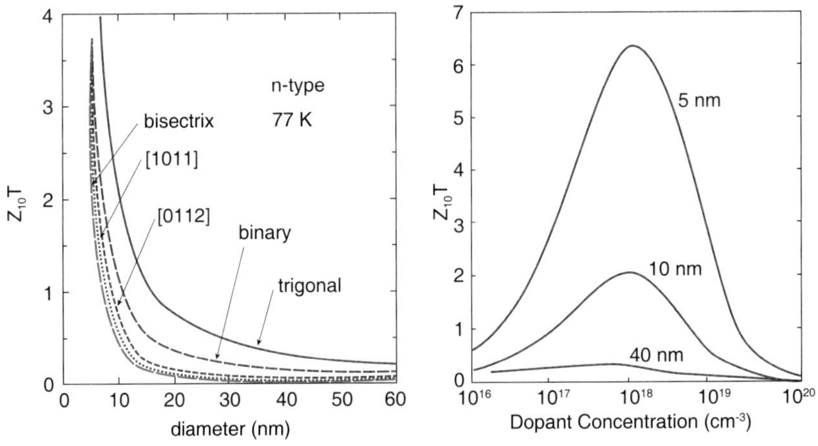


**그림 5-12** Bi 나노선 구조 및 성능 지수의 변화

MA-PDS공정으로 제조한 $Bi_1Sb_3Te_6$ 합금의 열전 특성에 미치는 Au 첨가의 영향을 파악하기 위한 실험 결과를 소개한다. p형 열전 재료의 제조를 위하여 99.99% 이상의 순도를 가진 각 분말을 화학식 $Bi_1Sb_3Te_6Au_x$ (x=0, 0.01, 0.02, 0.03, 0.05, 0.1, 0.3 wt%)에 따라 평

량한 후 혼합하였다. 기계적 합금화는 AISI 304 스텐리스 스틸용기와 지르코니아 볼을 사용하여 200시간 동안 볼밀 첨가제 없이 진동 볼밀을 이용하여 Ar(+5%$H_2$) 분위기에서 200시간 동안 실시하였다. 완성된 분말을 graphite 몰드에 충진한 후 618K 온도에서 10분 동안 56MPa압력의 조건으로 펄스통전 가압소결(PDS)을 실시하였다. 200시간 MA한 후의 XRD 회절 패턴인 〈그림 5-13〉을 보면 원료 분말은 모두 전형적인 Bi-Sb-Te 고용체로 합금화 되었다는 것을 알 수 있다. Au피크를 제외한 모든 시편의 피크는 일정하며, (2 0 5), (0 0 18), (0 2 10), (1 0 19), (2 1 10) 면의 강도가 Au양에 따라 증가함을 알 수 있는데 이것은 Au 근처의 BiSbTe 원자들이 이 면들과 간섭이 되기 때문에 미세구조가 복잡해진다는 것을 알 수 있다.

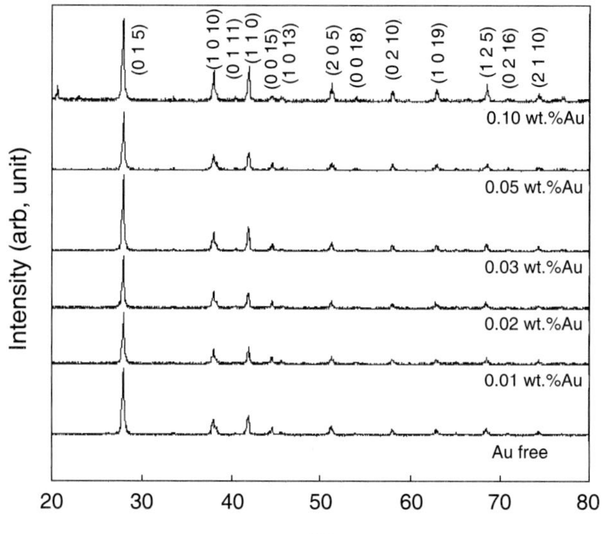


**그림 5-13** MA 후의 각 조성에 대한 XRD 회절 패턴

〈그림 5-14〉 (a)는 온도와 Au 첨가량에 따른 Seebeck 계수의 변화를 나타낸 그림이다. Seebeck 계수는 Au 첨가량이 증가함에 따라 감소함을 알 수 있는데, 이는 Au가 첨가됨에 따라 캐리어 농도가 증가하여 전기전도도가 증가하기 때문이다. 한편 Seebeck 계수에 미치

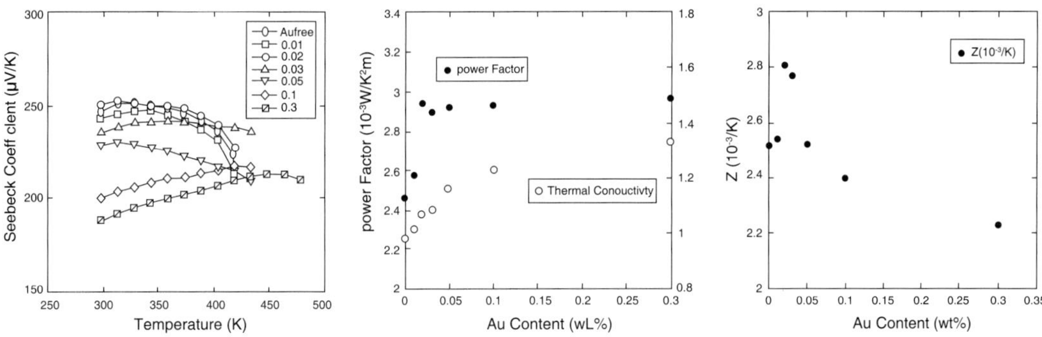


(a) Seebeck (b) Power Factor (c) Figure of Merit

**그림 5-14** 온도 및 Au 첨가량에 따른 특성변화

는 온도의 영향을 보면 온도가 높아질수록 Seebeck 계수가 감소함을 알 수 있는데, 이것은 진성 영역에서의 혼합 전도(mixed conduction) 특성 때문이다. 즉, 온도가 증가함에 따라 밸런스 밴드에서 컨덕션 밴드로 여기되는 전자의 수가 증가하고, 이 전자들로 인해 밸런스 밴드의 정공과 컨덕션 밴드의 전자를 통한 혼합 전도가 일어난다. 이 경우 Seebeck 계수는 $\alpha = (\sigma_h\alpha_h - I\sigma_e\alpha_e I)/(\sigma_h + \alpha_e)$로 나타내며 이 식으로부터 전자 수가 증가할수록 Seebeck 계수는 감소한다는 것을 알 수 있으며 이는 실험 결과와 잘 일치한다. 〈그림 5-14〉(b)는 상온에서 Au 첨가량에 따른 power factor와 열전도도의 변화를 나타낸 그림이다. Seebeck 계수의 감소에도 불구하고 power factor가 증가하는 이유는 Au 첨가에 의한 전기전도도 증가가 더 크기 때문이며 열전 성능 지수 Z를 그림 〈5-14〉 (c)에 나타내었다. 0.05wt% Au 이상의 조성에서는 성능 지수가 감소하는데 이는 열전도도가 계속 증가하기 때문이다.

온도에 따른 전기 전도도와 캐리어의 농도 변화를 〈그림 5-15〉에 나타내었다. 전기전도도는 측정된 모든 온도 범위에서 Au 첨가량에 따라 증가한다. 그리고 이는 Seebeck 계수 측정 결과와도 동일함을 알 수 있다. 온도에 따른 캐리어 농도의 변화는 온도에 거의 무관함을 알 수 있으며, 이는 본 연구에서 사용된 재료들이 매우 심하게 축

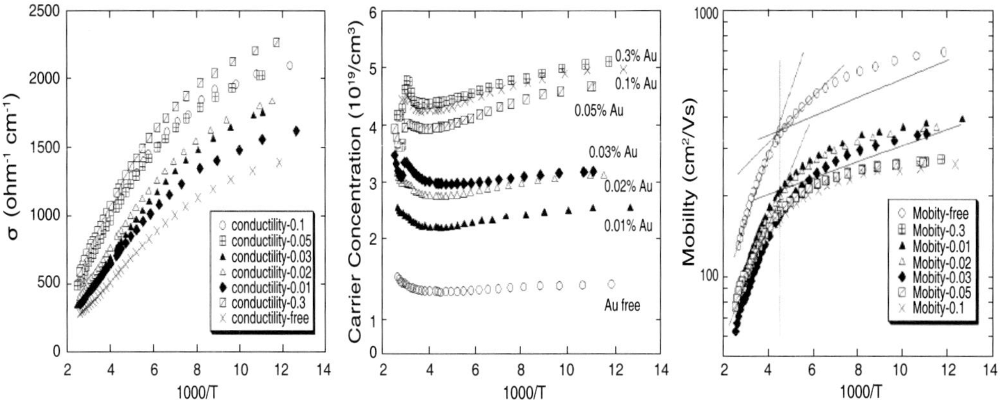


(a) electric conductivity (b) carrier concentration (c) mobility

**그림 5-15** 온도 및 Au 첨가량에 따른 Seebeck 계수 및 성능 특성

퇴(degenerated)되어 있기 때문으로 생각된다. 이는 이동도에 대한 결과인 〈그림 5-15〉 (c)에서도 같은 현상을 보인다. 한편 Au 첨가량 증가에 따른 이동도의 변화를 보면 이동도가 감소함을 알 수 있는데, 이는 Au 첨가에 의해 증가된 캐리어 및 전위 등의 결함에 의해 캐리어가 산란되는 확률이 더 높아졌기 때문으로 사료된다.

이 열전 재료의 성능 변화의 주요인은 Au의 첨가에 의한 캐리어 농도의 변화이다. 이러한 캐리어 농도의 변화의 주된 원인으로서 Au 근처에서 발생된 결함과 Au의 엑셉터로서의 거동 가능성 등이 고려된다. 첫 번째 가능성은 점결함, 전위 등과 같은 결함이 캐리어 농도의 증가에 기여하는 것이며, XRD 회절 패턴을 통화여 관찰된 (2 0 5), (0 0 18), (0 2 10), (1 0 19), (2 1 10)면의 강도가 Au양이 증가함에따라 강해지는데 이것 또한 Au 원자나 클러스터 주위에 생성된 결함들이 캐리어 농도의 변화에 영향을 주었으리라 생각된다. 두 번째 가능성은 〈그림 5-16〉의 XPS 분광 곡선을 통하여 고려된다. 순수 Au 상태에서의 결합 에너지 보다 낮은 값을 가지는 두 개의 화학적 이동 피크를 볼 수 있다. 이는 Au 원자의 일부가 이온화 되었다는 것을 뜻하며 일부가 이온화되어 억셉터로서의 거동 가능성을 설명할 수 있다. 반면 Te의 경우는 변화가 없으므로 Au의 경우만 고려됨을

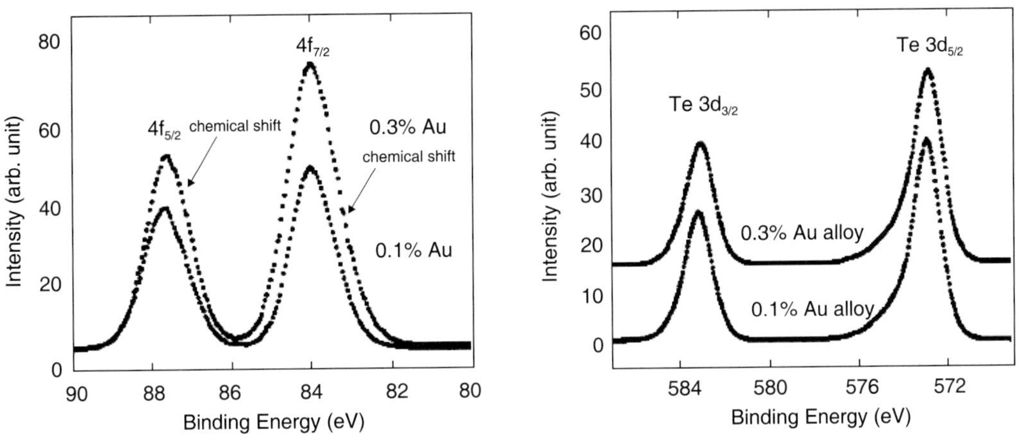


**그림 5-16** XPS spectra Au and Te

알 수 있다.

기존의 주조 방법에 의하여 만들어진 단결정 BiSbTe계 열전 재료는 매우 brittle 하며 방향에 따라 많은 성능의 차이점을 보이거나 방향에 따라 강도가 변하는 문제로 가공이 힘든 난점들이 있다. 본 연구에서는 MA-PDS방법을 이용하여 미세한 조직을 가진 다결정 열전 재료를 제조하여 열전도도를 낮추며 Au을 dopant로 선택하여 전기전도도를 높이는 방법을 통해 열전 성능을 개선하고 방향에 따른 $Bi_1Sb_3Te_6$ 합금의 이방성을 검토하였다.

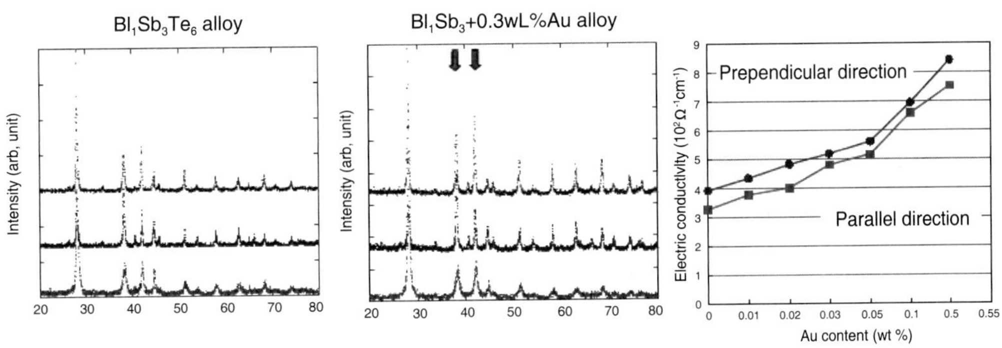


(a) XRD of Au free $Bi_1Sb_3Te_6$ alloys with different direction

(b) XRD of 0.03wt% Au added $Bi_1Sb_3Te_6$ alloys with different direction

(c) The electric conductivity of Au free and Au added $Bi_1Sb_3Te_6$ alloys with different direction

**그림 5-17** 압력에 수직 및 수평 방향에 따른 특성 변화

〈그림 5-17〉 (a)와 (b)는 Au가 첨가 되지 않은 것과 첨가된 재료의 각 방향에 대한 XRD 상을 조사한 것이다. 그림에서와 같이 높은 intensity를 보이는 피크들 중 (1 0 10) 면과 (1 1 0) 면의 피크가 Au free, Au가 첨가된 경우 모두 수평인 경우와 수직인 경우가 서로 역전되는 모습을 보여준다. 또한 특정 방향의 피크들의 강도가 증가함을 알 수가 있다. 이러한 차이는 전기전도도에 영향을 줄 것으로 예상되어 그 값을 측정한 결과를 〈그림 5-17〉 (c)에 나타내었으며 예상과 같은 결과가 나왔다.

〈그림 5-18〉은 제작된 시편의 방향성을 확인하기 위하여 Electron Back Scattering Patterning (EBSP) 그림이다. 완전히 랜덤한 방향으로 배양되어 있을 경우가 1로써 파란색으로 표시되었다. 방향성이 증가할수록 붉은색에 가까워진다. 수직 방향 시편의 EBSP 사진이 보다 붉은 영역이 많고 파란 영역이 적음을 알 수 있다. 이는 수직 방향이 수평 방향에 비해서 배양이 잘되어있다는 것을 말하며 아울러 XRD상에서의 피크 변화도 이것에 의한 것으로 여겨진다.

배향성의 차이에 의해서 전기전도도 값이 변화한 것을 보다 자세히 알기 위해서 Au를 첨가하지 않은 시편과 0.05wt%를 첨가한 시편 각각의 수직과 수평 방향의 carrier 농도를 측정한 값을 〈그림 5-19〉 (a)에 나타내었다. Au-free한 경우와 Au를 첨가한 경우 모두 수직 방

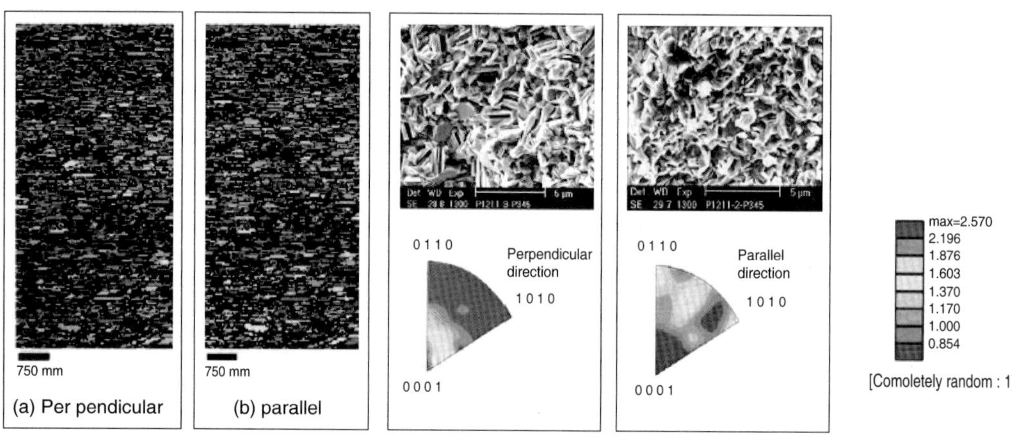


**그림 5-18** Au가 첨가된 $Bi1Sb_3Te_6$ 합금의 EBSP

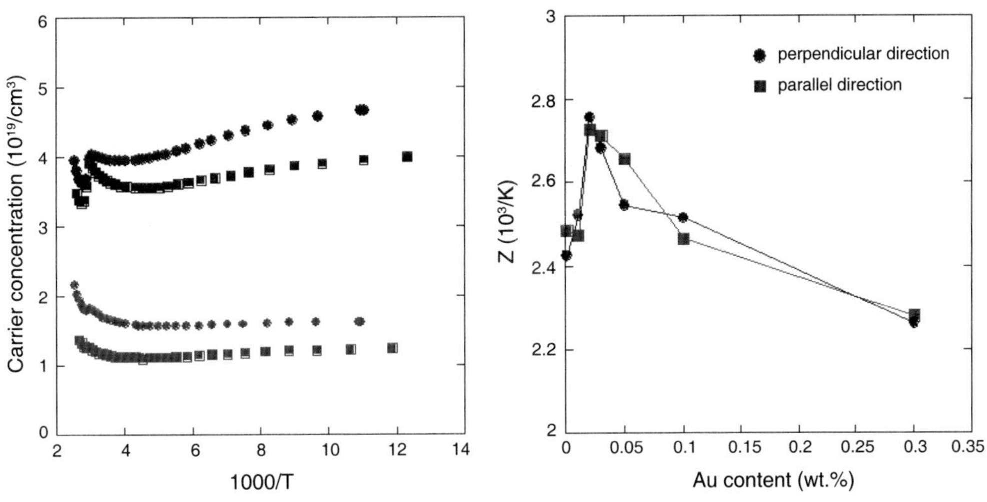


(a) $Bi_1Sb_3Te_6$ 합금의 Carrier 농도

(b) $Bi_1Sb_3Te_6$ 합금의 성능 지수

**그림 5-19** 방향에 따른 carrier 농도와 성능 지수

향이 수평 방향에 비하여 높은 carrier 농도를 나타내었다. Carrier 농도는 moblilty와 같이 전기전도도 값에 큰 영향을 주는 부분으로 앞서 수직 방향이 수평 방향에 비하여 높은 전기전도도를 보여준 것은 Au의 방향성 배양과 억셉터 역할로 인한 carrier 농도의 증가가 주된 이유로 여겨진다. 열전 성능 지수는 〈그림 5-19〉 (b)에서와 같이 전기전도도의 증가에 비하여 열전도도의 증가의 폭이 커서 Au가 0.02wt% 첨가되었을 때 최댓값을 나타낸 후 감소하였다. 같은 Au 조성하에서는 수직 방향이 수평 방향에 비하여 비록 높은 power factor 값을 가지지만 열전도도 또한 커서 전체적으로는 방향에 따른 이방성은 크게 나타나지 않았다.

기존의 주조 방법에 의하여 만들어진 BiSbTe계 열전 재료는 기계적 성질이 나빠 기계적 성질을 보완하기 위해 도입된 기계적 합금화 방법은 기존의 주조 방법보다 다소 낮은 열전 성능 지수를 나타낸다. 성능 지수 향상을 위해서는 전기전도도를 높이거나 열전도도를 낮추어야 한다. MA-PDS방법을 이용한 미세한 조직을 가진 다결정 열전 재료에 Ag를 첨가하여 전기전도도 향상으로 인한 성능 지수 개선을 검토하였다. 또한 고온에서의 열간 변형 공정도 성능 지수 향

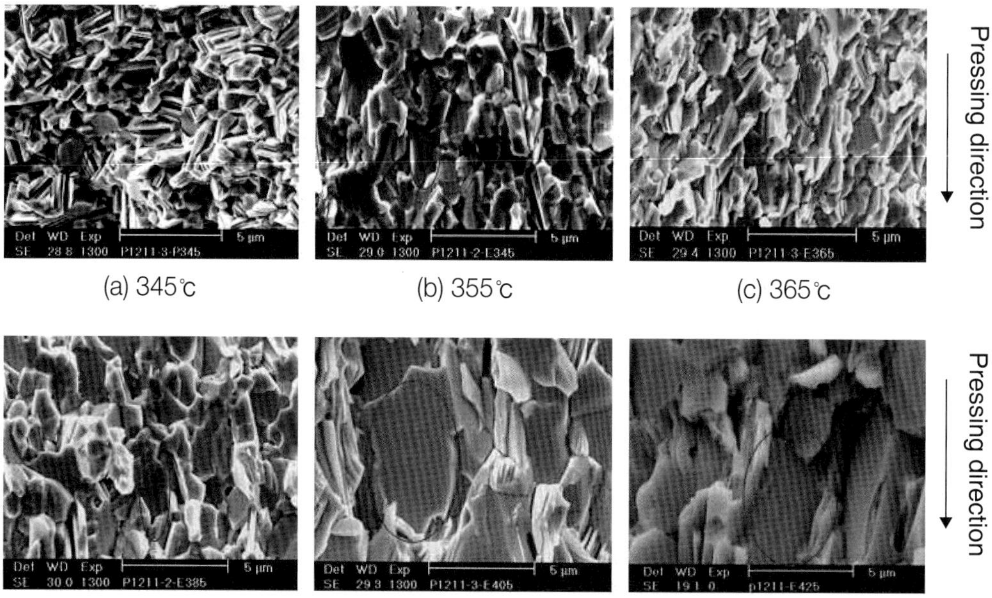


(a) 345℃ (b) 355℃ (c) 365℃

(d) 385℃ (e) 405℃ (f) 425℃

**그림 5-20** $(Bi_{0.25}Sb_{0.75})_2Te_3$ 합금의 사출 온도 별 파단면 사진

상에 도움이 되기 때문에 Ag가 첨가된 $(Bi_{0.25}Sb_{0.75})_2Te_3$ 합금의 열전 특성에 미치는 사출 온도의 영향을 살펴보았다.

〈그림 5-20〉은 각기 다른 사출성형 온도에서 제조된 $(Bi_{0.25}Sb_{0.75})_2Te_3$ 합금의 파단면 사진이다. 단순히 PDS된 시편들은 불규칙적인 방향의 조직을 가지고 있다. 하지만 사출된 시편 합금들은 우선 배향을 가진 조직을 가진다. 사출 온도가 385℃까지는 사출 방향에 따라 조직이 더욱 우선 배향되는 것을 볼 수가 있다. 이 때의 평균 결정 크기는 1.2μm이다. 반면에 385℃보다 높은 온도에서는 재결정이 시작되는 것을 알 수 있으며 평균 결정 크기는 4.0μm이다. 〈그림 5-21〉과 〈그림 5-22〉는 PDS와 고온사출을 통해 제조된 열전 소재들의 여러 가지 열전 특성들을 나타낸 그림이다. 〈그림 5-21〉에서는 사출 온도에 따른 열전도도와 전기전도도를 나타내었다. 열전도도는 사출 온도의 증가에 따라 증가하였다. 이것은 입자 성장으로 인한 포논의 산란 감소로 인하여 열전도도가 증가한 것이다. 전기전도도는 385℃까지는 증가하다가 405℃에서 변화를 보였다. 이것은 재결정으로 인

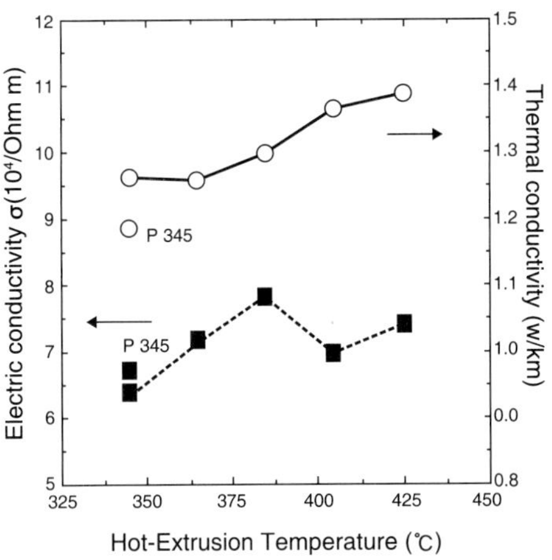


**그림 5-21** 압출 온도가 전기전도도 및 열전도도에 미치는 영향

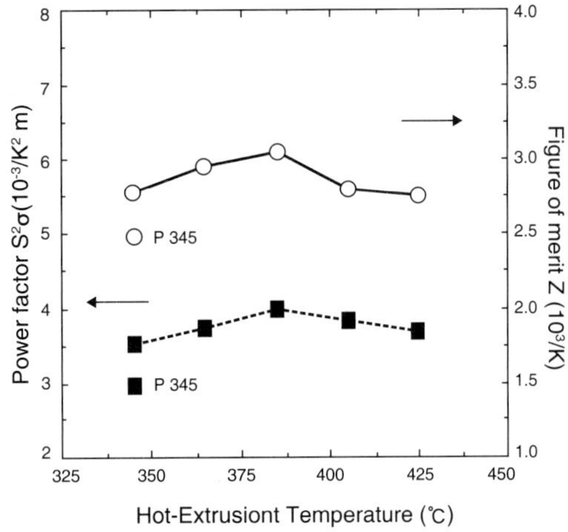


**그림 5-22** 압출 온도가 열전 특성에 미치는 영향

한 원자 재배열로 인한 것이다. 〈그림 5-22〉에서는 사출 온도에 따른 power factor와 성능 지수의 변화를 나타내었다. Power factor 역시 385℃까지 증가하다가 405℃에서 변화를 보였는데 이는 재결정으로 인한 원자 재배열로 인한 것이다.

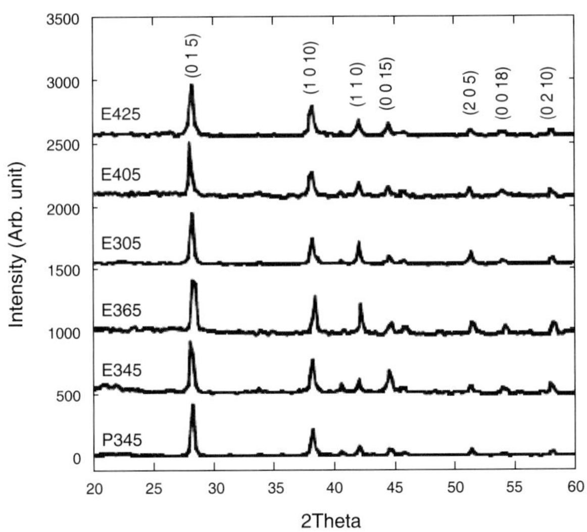


(a) 345℃, (b) 355℃, (c) 365℃, (d) 385℃, (e) 405℃, (f) 425℃

**그림 5-23** $(Bi_{0.25}Sb_{0.75})_2Te_3$ 합금의 사출 온도별 XRD 회절 패턴

Power factor는 3.5~4.0 × $10^{-3}$ W/K$^2$m의 변화를 보였다. 그리고 전구간의 사출온도 중에서 385℃의 사출온도에서 최고의 성능 지수를 보였다. 이때 최고의 성능 지수 값은 3.1 × $10^{-3}$/K 이다.

〈그림 5-23〉은 사출 방향으로 평행한 면의 XRD 회절 패턴을 사출 온도에 따라 나타낸 그림이다. 사출 온도가 385℃까지는 (110)면의 세기가 커졌다. 그러나 385℃보다 높은 온도에서는 (110)면의 세기가 작아졌다. 이와 같은 변화는 위에서 언급하였듯이 재결정으로 인한 원자 재배열에 기인한 현상이다.

MA-PDS공정으로 제조한 $Bi_1Sb_4Te_{7.5}$ 합금의 열전 재료에 $Fe_3O_4$가 미치는 영향을 검토하였다. 고에너지의 볼 밀링을 이용한 기계적 합금법은 다결정 미세구조가 무작위의 방향성을 가져 기계적 성능을 향상시키고, 입자 내부의 격자 결함과 왜곡 등으로 인한 포논의 산란으로 열전도도가 감소하는 반면에, 일방향 응고시킨 열전 소재보다는 전기적 특성이 떨어진다. 그러므로 기계적 합금법을 이용하여 제조된 다결정 물질의 성능 지수는 현 단계에서는 아직 낮아, 더 많은 열전도도의 저하가 요구된다.

성능 지수는 주로 불순물 도핑에 의해서 변화한다. 특히 $Fe_3O_4$는 자기 모멘트와 포논의 상호작용으로 인해 열전도도를 감소시키

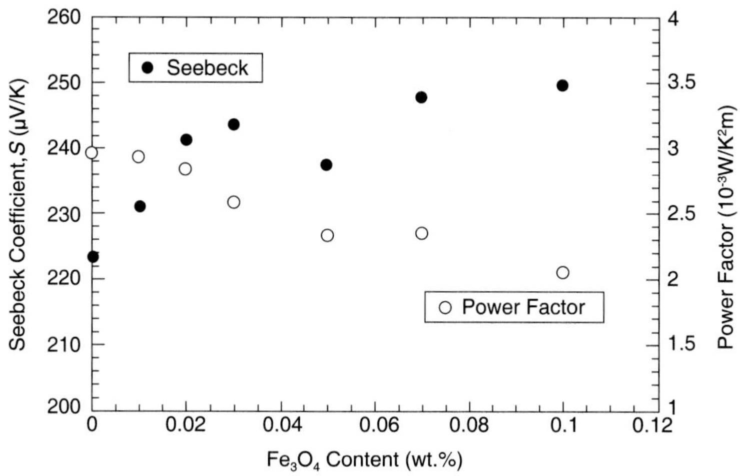


**그림 5-24** $Bi_1Sb_4Te_{7.5}$ 합금에 첨가한 $Fe_3O_4$량에 따른 열전 특성 변화

는 mixed-valence 물질로 알려져 있으며, 화합물에 $Fe_3O_4$를 첨가함으로써 열전도도를 낮출 수 있다. 〈그림 5-24〉는 $Bi_1Sb_4Te_{7.5}$ 합금에 첨가한 $Fe_3O_4$의 첨가량에 따른 상온에서의 Seebeck 계수와 Power Factor의 변화를 나타낸 것이다. 양의 Seebeck 값은 hole이 이 물질의 중요한 carrier임을 나타내고 있다. $Fe_3O_4$의 첨가량이 증가함에 따라 Seebeck 계수는 증가하였지만, Power Factor는 전기전도도의 감소로 인하여 감소하였다.

〈그림 5-25〉는 $Fe_3O_4$의 첨가량에 따른 상온에서의 열전도도 변화를 나타낸 그림이다. $Fe_3O_4$의 첨가량이 증가함에 따라 열전도도는 감소하였는데 이는 앞서 언급하였듯이 $Fe_3O_4$의 첨가량이 증가할수록 Phonon과 자기 모멘트의 상호작용으로 인한 Phonon 산란이 증가하였기 때문이다.

열전도도와 Power Factor로 계산한 상온에서의 성능 지수를 〈그림 5-26〉에 나타내었다. 성능 지수(Z)값은 $Fe_3O_4$를 0.05 wt.% 첨가할 때까지는 $Fe_3O_4$를 첨가하지 않은 합금보다 높은 값을 나타내었다. 성능 지수 값은 $Fe_3O_4$의 첨가량이 0.01wt.%일 때 3.1×10-3/K 으로 가장 높은 값을 나타내었다. 이는 Power Factor와 열전도도가 모

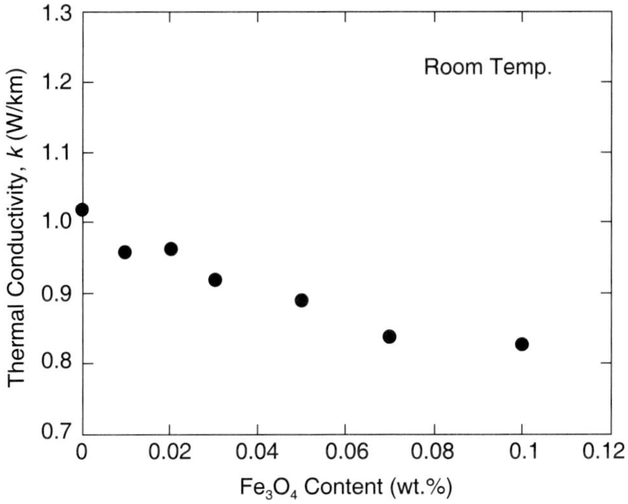


**그림 5-25** $Bi_1Sb_4Te_{7.5}$ 합금에 첨가한 $Fe_3O_4$량에 따른 열전도도 변화

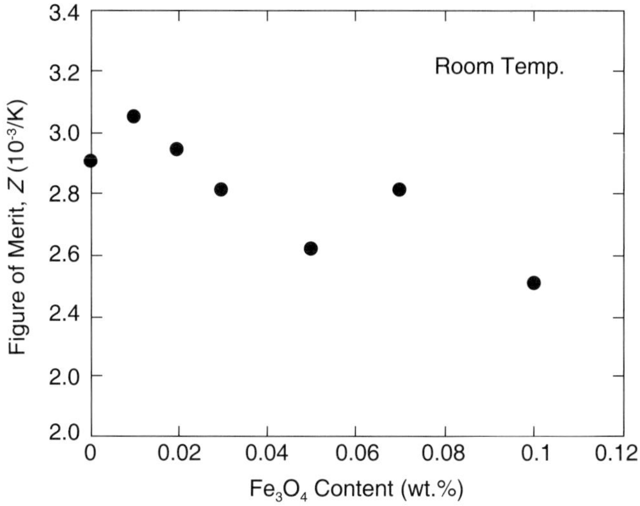


**그림 5-26** $Bi_1Sb_4Te_{7.5}$ 합금에 첨가한 $Fe_3O_4$량에 따른 열전 성능 지수

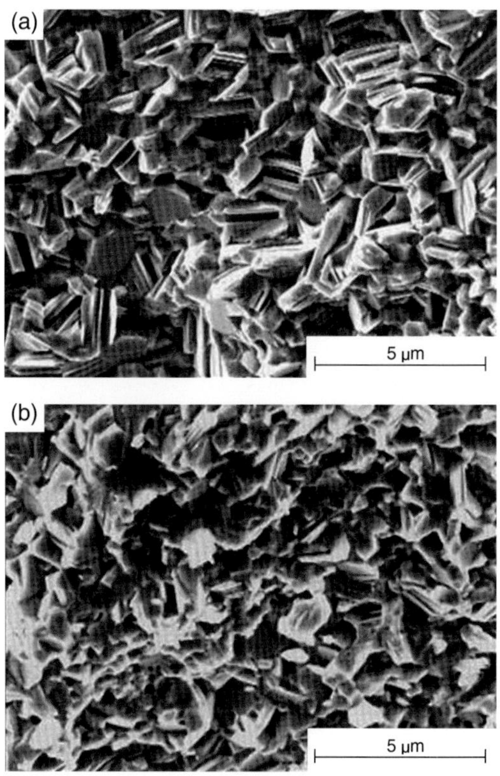


**그림 5-27** $Bi_1Sb_4Te_{7.5}$ 합금에 0.01wt.%의 $Fe_3O_4$를 첨가한 분말 조직

두 감소하였음에도 불구하고 열전도도의 상대적 감소율이 더 크기 때문이다.

〈그림 5-27〉은 최고의 성능 지수를 나타낸 $Bi_1Sb_4Te_{7.5}$ 합금에 0.01wt.%의 $Fe_3O_4$를 첨가한 조성의 milling 시간에 따른 분말의 SEM 사진이다. Milling 시간이 증가함에 따라 볼과 볼의 마찰에 의한 반복적인 파괴와 냉간접합으로 분말의 합성이 진행됨을 알 수 있다.

〈그림 5-28〉은 $Bi_1Sb_4Te_{7.5}$ 합금에 0.01 wt.%의 $Fe_3O_4$를 첨가하여 milling이 완료된 분말과 PDS 수행 동안 주어진 일축 응력 방향과 수직, 수평인 면의 XRD 회절 패턴을 나타낸 것이다. 기계적 합금화 과정에서 생긴 구조적 결함과 잔류 응력이 PDS 수행 동안 완화된 것을 알 수가 있다. (006), (0015) 그리고 (0018) 을 포함하는 (00l)면에서 일축응력방향의 수직한 면이 평행한 면보다 Intensity가 강한 것은 일축 응력 방향의 수직한 면으로 기저 평면이 우선 배향된다는 것을 알 수 있다. 일축 응력 방향과 수직, 수평인 면의 XRD의 intensity 변화는 소결체의 이방성 특성을 나타낸다.

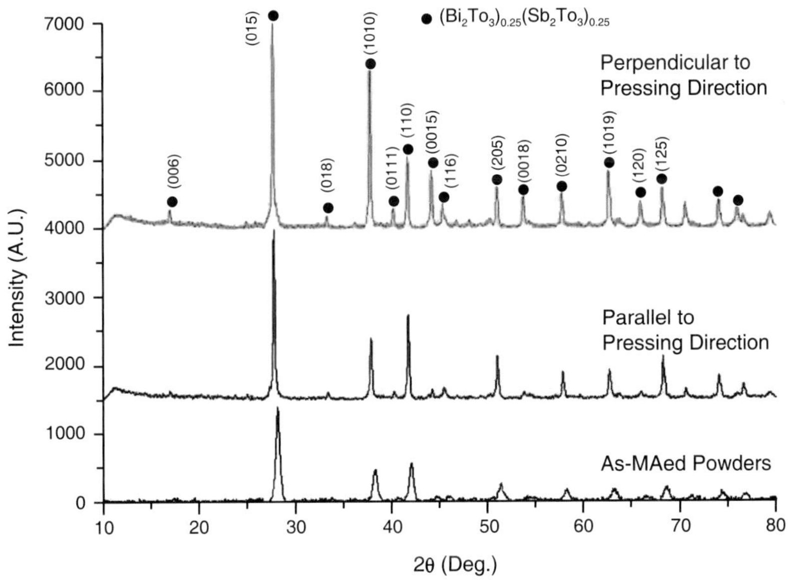


**그림 5-28** 0.01wt.%의 $Fe_3O_4$를 첨가한 $Bi_1Sb_4Te_{7.5}$ 합금 분말과 일축 응력 방향과 수직, 수평인 면의 XRD 회절 패턴

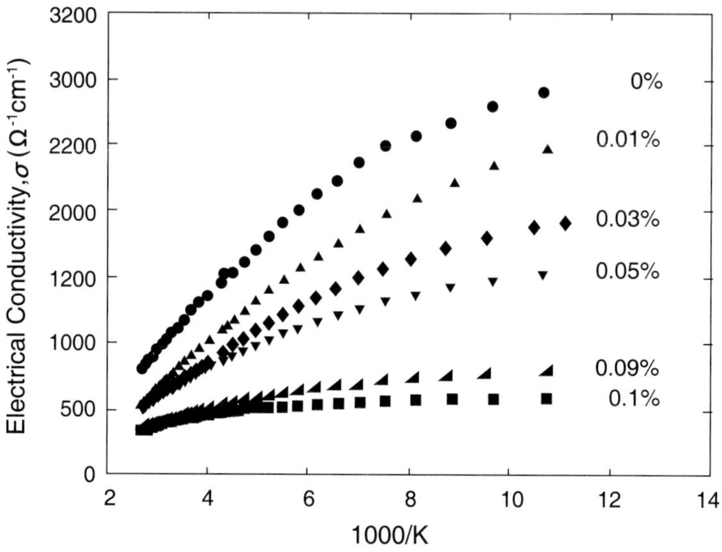


**그림 5-29** $Fe_3O_4$ 첨가량 변화에 대한 $Bi_1Sb_4Te_{7.5}$ 재료의 전기전도도

물질의 전도 특성을 명확히 하기 위하여 Hall Effect가 측정되었다. $Bi_1Sb_4Te_{7.5}$ 합금의 전기 전도도에 미치는 $Fe_3O_4$의 영향을 〈그림 5-29〉에 나타내었다. 전기전도도는 $Fe_3O_4$의 첨가량이 증가할수록 감소하였다. Power Factor와 전기전도도가 $Fe_3O_4$의 첨가량에 따라 감소하는 이유는 두 가지가 있다. 한 가지는 $Fe_3O_4$가 본질적으로 낮은 전기 전도도를 가지기 때문이다. $Fe_3O_4$의 전기저항은 0.5Ω · m로 $Bi_1Sb_4$ $Te_{7.5}$ 합금보다 다소 높은 값이다. 다른 이유로는 $Fe_3O_4$의 첨가로 인한 전위, 점결함, 입계 등의 구조적 원인이 있다. $Bi_1Sb_4Te_{7.5}$ 합금에 결함이 도입되면 전기전도도가 감소하게 된다. 다시 말하면 전기전도도의 감소는 결정구조적 원인과 함께 $Fe_3O_4$의 전기전도도가 본질적으로 낮기 때문이다.

Hall effect 측정으로 계산된 carrier 농도가 〈그림 5-30〉에 나타내었다. $Fe_3O_4$의 첨가량에 따라 carrier 농도가 감소됨을 나타내는데 이것은 전기전도도의 감소와 연관 있다.

일반적으로 열전 재료의 효율은 성능 지수 Z = S2σ/κ (S : Seebeck 계수, σ : 전기전도도, κ : 열전도도)로 표현된다. 특히 S2σ는 Power

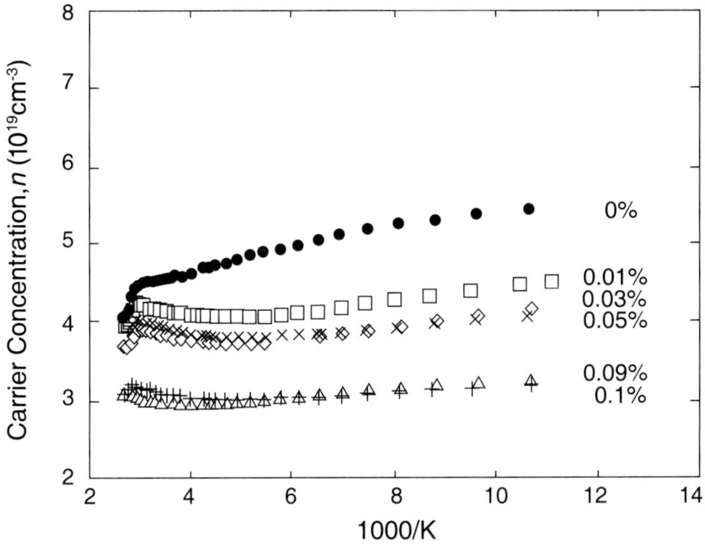


**그림 5-30** $Fe_3O_4$ 첨가량에 대한 $Bi_1Sb_4Te_{7.5}$ 재료의 캐리어 농도 변화

Factor라고 부르며 Power Factor를 증가시키고 열전도도를 낮추는 방법으로 성능 지수를 향상시킬 수 있다. Power factor는 전하운반자의 함수로 표현되어지며 전하 운반자 농도가 $10^{19}$cm$^{-3}$일 때 가장 높은 값을 나타낸다. 그러므로 최고의 성능 지수를 나타내기 위해서는 전하 운반자의 농도와 종류에 대한 이해가 필요하다. 이를 위해 벌크 $Bi_2Te_3$내 볼쯔만 동역학 모델을 이용한 전기전도 및 열전도 현상에 대해 검토한다. 열전 성능 지수를 결정짓는 전기 및 열 수송(electric and thermal transport)은 전자나 전공 같은 캐리어(carrier)와 격자진동파인 포논(phonon)에 의해 전달된다.

따라서 캐리어와 포논에 의한 전기 및 열전도도를 정량적으로 이해할 경우 열전 성능 지수를 향상시킬 수 있는 최적 조건을 알 수 있다. 양자우물, 양자선과 같은 저차원 나노 구조물에 의한 물성 제어 기술을 발전시키기 위한 기반연구로 벌크 $Bi_2Te_3$에서의 수송 현상을 이해해야 한다. 전자나 전공과 같은 전하를 갖는 캐리어 (charged carrier)에 의한 열전도도 (thermal conductivity)와 전기전도도 (electric conductivity)의 경우 볼츠만의 동력학 이론을 통해 이론적인 모형을 제공할 수 있다.

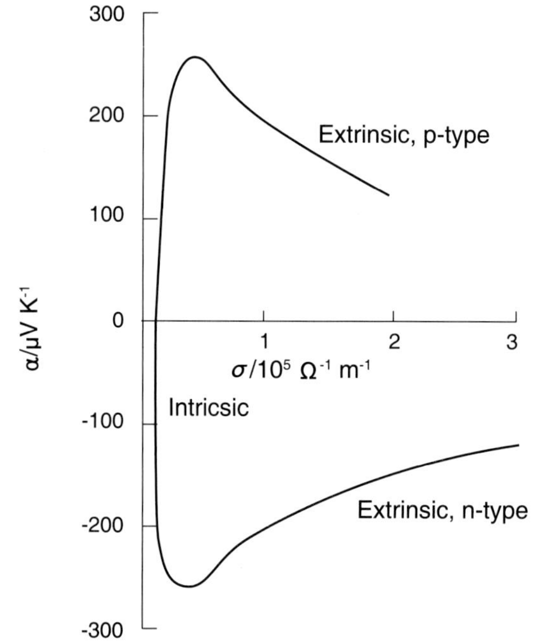


**그림 5-31** $Bi_2Te_3$의 Seebeck 계수와 전기전도도

볼츠만의 동력학을 통해 구한 Seebeck 계수와 전기전도도와의 관계가 〈그림 5-31〉에 나타나 있다. 이를 통해 특정 온도에서 doping 농도에 따른 Seebeck 계수의 변화를 알아볼 수 있다. 도핑을 하지 않은 경우 p-type인 $Bi_2Te_3$는 상온 293K에서 230μV/K 정도의 Seebeck 계수값을 가짐을 알 수 있다. 그러나 acceptor 농도를 증가시켜 p-type의 전기전도도를 증가시킬 경우 최고치 260μV/K에 다다른 이후 점차 감소함을 알 수 있다. 한편 donor 불순물 농도를 증가시킬 경우에도 Seebeck 계수는 급격히 감소하여 음의 최고치에 접근 후 다시 증가함을 알 수 있다.

열전 소재에서 대부분의 경우 캐리어에 의한 열 수송이 격자진동에 의한 것보다 훨씬 더 우세한 역할을 하지만 포논에 의한 열 수송 역시 중요한 대상이 된다. 즉 포논의 산란체를 삽입하여 열 전달 계수를 줄일 경우 성능 지수를 늘일 수 있기 때문이다. 따라서 열 수송과 관련된 주요 현상을 이해하기 위해선 포논의 열적거동에 대한 연구가 중요한 단서가 된다. 격자진동에 의한 열 전달의 경우에도 포논을 준입자로 취급하여 캐리어들의 경우 이용되었던 수송모델을 이용할 수 있다. 즉, 미시적으로 포논이 열적 효과에 의해 임의의 방향으로 진행하며 서로 충돌하면서 거시적인 두 구간의 온도 차 구배에 비례하여 열을 전송해 주는 것이다. 하지만 준입자로 취급된 포논은 캐리어의 경우와는 다르게 브릴리앙 구역 안에서 정의되는 방향과 운동량을 가지게 된다.

비열이 온도에 민감하게 바뀌는 상한 경계 온도를 정의할 수 있는데 이를 Debye 온도라 한다. 하지만 대부분의 경우 상온에서 비열값은 온도에 무관하게 분자 구조의 자유도에만 의존하게 된다. $Bi_2Te_3$의 경우 Debye 온도는 대략 155.5K 정도임을 알 수 있다. 포논의 평균 수송 속력의 경우 역시 온도에 크게 의존하지 않는 물리량이다. 따라서 포논의 평균 자유 이동 거리의 온도 의존성이 가장 예민한 항이라 할 수 있다. 즉, 격자진동에 의한 열 수송의 온도 의존성은 평균 자유 이동 거리와 관련한 포논의 충돌 메카니즘을 이해하는 데 초점을 맞추어야 한다. 열 전달의 온도 의존성과 결함 농도와 관련한 포논의 충돌현상을 〈그림 5-32〉에 나타내었다.

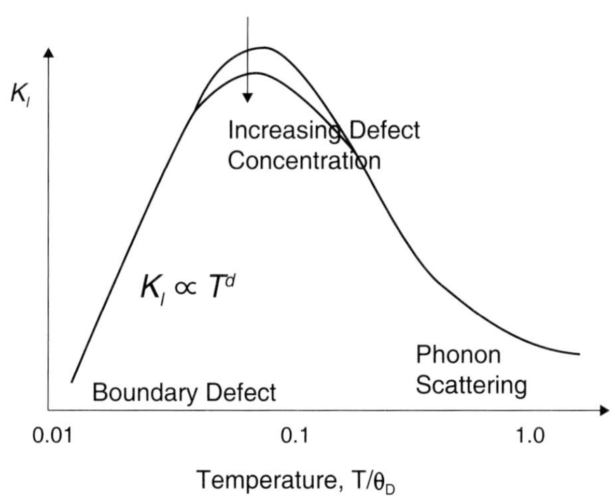


**그림 5-32** 열 전달의 온도 의존성과 결함 농도와 관련한 포논의 충돌 현상

포논의 충돌 현상은 크게 세 가지로 나누어 연구할 수 있다.

첫째, 온도가 올라갈수록 격자진동은 큰 진폭을 가지므로 선형진동자로 취급한 근사가 맞지 않고 비선형적 진동이 우세해질 것으로 예상된다. 따라서 선형 모델에서 취급하지 않았던 포논과 포논의 충돌 현상의 두드러지게 된다. 따라서 이러한 포논끼리의 충돌은 결국 평균 자유 이동 거리를 줄여주게 된다. 온도가 증가할수록 보다 많은 포논이 충돌에 참여하므로 포논에 의한 효과만 고려해 볼 때 열전도도는 온도에 반비례할 것이다. 충돌 후 포논의 방향을 정상 충돌 과정과 다르게 바꾸어 열적 저항을 크게 만들어주는 대표적인 예인 움클라프 과정(umklapp process)이 우세할 것이다. 즉, 서로 충돌한 합성된 포논의 결정 운동량이 브릴루앙 경계 밖에 존재하여 결과적으로 브릴루앙 영역 내에선 방향을 바꾸게 된다.

둘째, 격자 내에 존재하는 불순물(impurities)이나 결함(defects)은 주기적인 격자상수를 변형시켜 진행하고 있는 격자진동을 산란시키게 된다. 불순물과 격자물질의 질량차가 클수록 산란자의 단면적과 격자진동 파장과의 비율이 높을수록 산란 강도는 증가하게 된다.

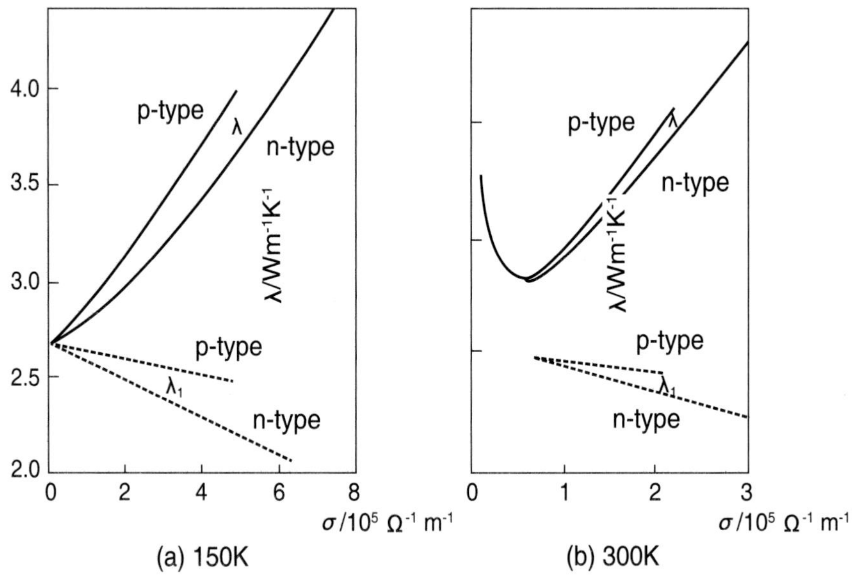


**그림 5-33** $Bi_2Te_3$ 열전도도의 전기전도도 의존성

doping을 유도하는 불순물이 포논의 산란 효과를 증대시킬 수 있을 경우 평균 자유 경로를 줄여 열전도도를 줄일 수 있다.

셋째, 온도가 낮아질 경우 앞서 말한 두 가지 효과는 점차 약해지고 포논은 시료의 경계면에서 일어나는 충돌 효과만 존재하게 된다. 따라서 평균 자유 경로는 거의 시료의 두께나 grain boundary와 비슷하고 무관한 영향을 미칠 것이다. 그러나 양자 우물이나 양자선과 같은 나노구조물의 경우 이러한 경계면상에서 일어나는 기하학적 효과, 즉 size-effect는 점차 벌크의 경우와는 다르게 두드러지게 된다.

캐리어와 포논에 의한 효과를 모두 포함하여 $Bi_2Te_3$의 열전 계수와 전기전도도와의 관계를 통해 포논의 기여도를 〈그림 5-33〉에 나타내었다. 150K 정도에서 캐리어의 기여가 전혀 없는 경우 즉, 포논에 의한 열전 현상만 있는 경우에는 열전 계수는 2.7 W/mK 정도였지만 도핑 농도를 증가시켜 전기전도도를 증가시킬 경우 전체적으로 열전도도는 증가함을 알 수 있다.

순수한 포논의 기여도는 Wiedemann-Franz 관계를 통해 얻을 수 있다. 그 결과는 150K에서 전기전도도가 증가할수록 포논에 의한 열전도도는 감소함을 알 수 있다. 즉, 도핑 농도가 증가할수록 대부분의 열전 현상은 캐리어에 의해 이루어짐을 알 수 있다. 그러나 온도가 300K 정도의 고온으로 증가할 경우 주목할 만한 사실은 전기전도도가 $\sim 10^4 \Omega^{-1} m^{-1}$인 구간에서 전기전도도가 감소할수록 급격하게 증가함을 알 수 있다. 이것은 bipolar thermo-diffusion 현상에 기인한 것으로 추측된다. 또한 포논에 의한 열전 계수는 온도가 증가할 때 감소했음을 알 수 있다. 일반적으로 포논에 의한 열전도도는 온도가 증가할수록 감소함을 알 수 있다. 하지만 저온일 경우 앞서 언급한 grain boundary에 의한 효과가 우세하여 증가하는 구간이 있다. $Bi_2Te_3$의 경우 grain boundary에 의한 열전도도가 온도에 따라 증가하는 온도는 대략 10K 근처이다.

제 6 장

# Bi-Te계 초격자 열전 재료의 박막 소자화

본 장은 MOCVD 법에 의한 Bi-Te계 열전 소재 제조 및 박막형 열전소자 제작에 대해 소개한다. 최근 각종 센서들은 마이크로와트(㎼) 규모의 전력에서 구동이 가능하도록 소모 전력을 최소화하는 방향으로 개발되고 있다. 또한 센서 구동에 소모되는 전력은 주변 환경으로부터 획득하는 방향으로 연구 개발이 진행되고 있다. 주변의 열원으로부터 전력을 획득할 수 있는 열전발전 소자는 자가 전력원 후보 중의 하나로 태양광 전지가 사용될 수 없는 환경 등에서 용이하게 사용될 수 있다.

열전 변환 소재를 이용한 열전발전 소자는 고온부와 저온부 사이의 온도 차만 유지되면 전력 발전이 가능하기 때문에 태양열, 방사선 동위원소, 석탄, 석유, 액화천연가스 등 이용 가능한 열원의 선택 범위가 넓은 특징 이외에 기계적인 구동 부분이 없어 구조가 매우 간단하며 고장이 적어 유지 관리가 용이하다는 장점도 있다. 이러한 응용을 위해서는 기존의 덩어리(bulk) 형태의 열전 소재를 이용하여 제작하는 열전발전 소자는 부피가 크기 때문에 열전발전 소자의 소형화 및 박막화를 이루기 위해서는 미세 공정 기술이 접목되어야 한다.

상온 부근에서 가장 효율이 높은 열전 소재는 현재까지 Bi-Te계 화합물 반도체로 알려져 있다. 현재 상용화된 열전소자는 소결된 Bi-Sb-Te 화합물 덩어리를 여러 조각의 단위소자 엘리먼트로 절단하고 이들을 서로 직렬 연결하는 어레이 배열 형태로 제조하므로 면적 크기가 수십 $mm^2$에 이르며 두께 또한 1mm에서 5mm 정도로 부피가 커진다. 따라서 열전소자의 소형화를 위해서는 박막 형태로 제조되는 열전 소재를 사용하여 소자를 제작하는 공정 개발이 요구되고 있다.

열전 소재를 박막 형태로 제조하는 방법으로는 열증착법, 스퍼터링법, 금속유기화학증착법(MOCVD), 분자선증착법(MBE), 전기도금법 등이 사용되고 있다. 박막 형태의 열전 소재로부터 열전소자를 제작하는 데 가장 큰 걸림돌 중의 하나는 수 μm에서 수십 μm 두께의 p-형 및 n-형 열전 소재 다리(legs)를 하나의 동일한 기판 위에 어레이 형태로 배열시켜 제조하는 것이다. 이를 위해서는 두꺼운 포토레지스터 등을 사용하여 먼저 p-형 (혹은 n-형)이 증착될 부분을 광식각 공정에서 패터닝하고 에칭하여 마이크로 공간을 만들어 p-형 (혹은 n-형) 열전 소재를 성장시키고, 광식각 공정에서 패터닝하고 에칭하는 공정을 반복하여 다시 n-형 (혹은 p-형)을 증착하는 방법을 적용하여야 한다.

따라서 포토레지스터가 견딜 수 있는 상온 근방의 온도에서 열전 소재의 증착이 이루어져야 하며 이 조건을 만족하는 박막 제조 기법으로는 스퍼터링법, 열증착법, 전기도금법 등을 적용할 수 있다. 이러한 방법들은 열전 소재가 상온 근방에서 제조되기 때문에 그 전기적 특성이나 열전 특성이 제한적이라 할 수 있겠다. 열전 소재의 성능 향상 측면에서 볼 때 나노미터 두께의 초격자 구조로 박막 성장이 가능한 MOCVD법, MBE법 등의 방법을 사용할 수도 있으나, 박막 성장 온도가 300℃ 이상이므로 동일 기판 위에서 n-형 및 p-형 열전 소재 어레이를 형성하여 열전발전 소자를 제작하는데 있어서는 문제가 되고 있다.

초격자 박막연구에서는 수 nm 두께의 주기를 가지는 $Bi_2Te_3$/

$Sb_2Te_3$ 초격자를 제조함으로써 열전 소재의 성능 지수를 기존의 소재와 비교하여 약 2.4배까지 획기적으로 향상시킨 결과도 보고되었다. 그러나 이러한 결정 배열 구조 제어를 통한 소재의 열전 성능 향상이 소자 제조 공정 문제로 열전소자의 발전 효율 향상으로 바로 연결되고 있지는 않은 실정이다.

본 장에서는 우선 MOCVD 방법으로 Bi-Te계 열전 소재를 제조하는 공정 조건을 검토한다. MOCVD 방법은 상온 근방에서 증착되는 기타 박막 제조 기법과는 달리 나노 구조 형태로 열전 소재를 제조할 수 있기 때문에 열전 성능의 향상을 기대할 수 있으며 MBE 방법과 비교하여 생산성 측면에서 유리한 방법이라 할 수 있겠다. 또한 본 장에서는 MOCVD 방법으로 제조된 열전 소재를 이용하여 p/n 쌍으로 구성된 어레이 형태의 박막형 열전소자를 제조하는 방법을 제시하고자 하며 이때 나타나는 문제점 등에 대해 논의하고자 한다.

Bi-Te계 박막을 제조하는 실험 방법을 소개하면 다음과 같다. 수평 반응관식 MOCVD 장비를 이용하여 상압에서 Bi-Te 계 박막을 (001) GaAs 기판 위에 성장시킨다. Bi, Sb, Te용 유기금속화합물로는 TMBi (trimethyl-bismuth), TESb (triethyl - antimony), DIPTe (diisoprophyl-telluride)를 프리커서로 사용하였다. 박막 성장 중 반응관으로 유입되는 Bi, Sb 및 Te의 혼합비는 TMBi와 TESb의 증기압과 유량 (flow rate)에 의해 조절된다. MOCVD 반응관 내의 Te 분압은 $6x10^{-4}$ 기압으로 고정하고, $(Bi_{1-x}Sb_x)_2Te_3$ 박막의 조성 x는 반응관으로 유입되는 금속유기물 TMBi 및 TESb의 분율로 제어되며 열전 박막의 성장온도는 400℃ 이다.

열전 박막의 특성은 Hall 효과를 측정함으로써 성장된 열전 소재의 전도형 (p-형 또는 n-형), 전하이동도 (mobility) 등 전기적 특성을 평가한다. 성장된 열전 소재 양단에 온도 차를 가하면서 나타나는 전압을 계측하여 Seebeck 계수를 구한다. 또한 X-선 회절 패턴을 통하여 성장된 박막의 결정성 및 초격자 구조의 주기를 측정한다. 박막형 열전소자의 제작을 위해서는 n-형 열전 소재로는 $Bi_2Te_3$를, p-형 열전 소재로는 $Bi_{0.4}Sb_{1.6}Te_{3.0}$를 각각 사용하였으며 열전 소재의 두께는 4μm이다. 박막형 열전소자의 제조 공정 순서를 〈그림 6-1〉에 개략적으로 나타내었다.

먼저 GaAs 기판 위에 200nm 두께의 $SiO_2$를 증착시키고 〈그림 6-1〉 (a)에 보인 바와 같이 p-형 $Bi_{0.4}Sb_{1.6}Te_{3.0}$ 열전 박막이 성장될 자리를 광식각법으로 공간을 형성한다. p-형 다리의 면적크기는 200 μm × 12 mm 이며 전체 소자는 100μm 간격의 20개의 p/n 쌍으로 구성된다. 이러한 기판 위에 MOCVD법으로 p-형 열전 박막을 증착하고 〈그림 6-1〉 (b)에 보인 바와 같이 화학적 에칭법을 사용하여 p-형 열전 소재 어레이를 형성시킨다. 이때 $SiO_2$의 역할은 p-형 소재를 화학적으로 에칭할 때 GaAs 기판을 보호해 주는 역할을 하게 된다. 이 후 다시 $SiO_2$ 층을 제거하고 그 위에 다시 n-형 열전 소재를 성장시킨다. 이 과정에서 n-형 열전 소재는 $SiO_2$가 제거된 GaAs 부분뿐 아니라 p-형 다리 위에도 성장이 일어나게 된다. n-형 열전 소재만 선택적으로 에칭하는 용액을 사용하여 〈그림 6-1〉 (c)와 같은 형태의 p/n 쌍을 형성한다. 최종적으로는 알루미늄을 사용하여 〈그림

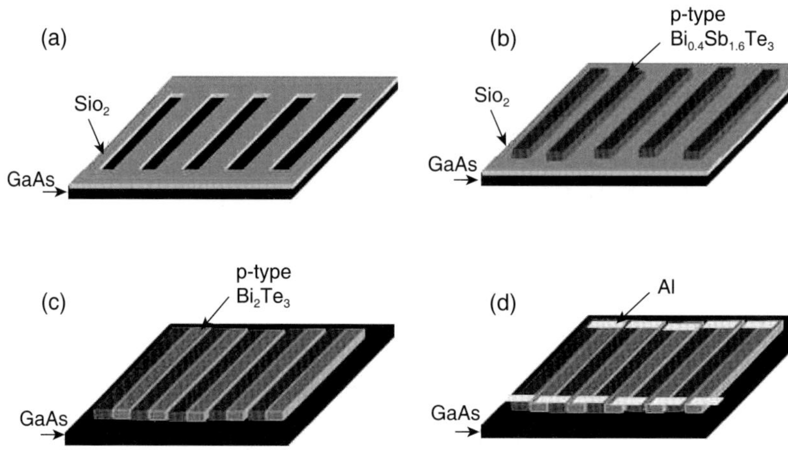


(a) $SiO_2$증착 및 P-형 열전 박막 증착 부분 패터닝
(b) P-형 열전 박막 성장 및 패터닝
(c) n-형 박막 성장 및 전용 식각용액을 이용한 패터닝
(d) Al을 이용하여 전극을 형성

**그림 6-1** 열전소자 발전 제작 공정

6-1〉(d)와 같은 형태의 열전소자를 제작하여 그 특성을 평가한다.

p-형 및 n-형 열전 소재 박막 성장에 있어서 Bi-Sb-Te계 열전 소재의 전기적 특성이나 열전 특성은 성장 온도, 소재의 조성, 반응관으로 유입되는 VI족 (DiPTe) 및 V족 (DmCd + DESb) 유기금속화합물의 혼합비에 크게 의존하게 된다. 화학양론적 조성의 $Bi_2Te_3$ 박막의 경우 VI/V족 비율이 1.5이지만 MOCVD 성장에서 반응관에 유입되는 VI/V족 비율은 6 이상인 경우 n-형 전도성을 그 이하인 경우에는 p-형 전도성을 나타낸다. Bi-Te 반도체에서 비화학양론적 조성은 anti-site 결함을 유발하여 전도성의 변화를 보이는 것이 알려져 있다. 즉, V족 원소인 Bi가 과다하게 존재하는 경우 이들이 Te의 원자자리로 치환되어 p-형 전도성을 가지는 열전 재료가 되는 것이다.

〈그림 6-2〉에 Bi-Sb-Te 삼원계 화합물에서 반응관으로 유입되는 VI/V 족의 금속유기화합물의 비율에 따라 나타난 p, n 전도도 천이 영역을 나타내었다. $Sb_2Te_3$의 경우 모든 조건에서 p-형 전도성을 보였으며 n-형 전도성은 Sb의 조성이 낮은 부분에서 VI/V족 비율이 6 이상의 영역에서 일부 나타남을 알 수 있다. 열 증착 등의 증착법에서도 화학양론적 조성을 얻기 위해서는 Te-과다의 공정 조건이 필요

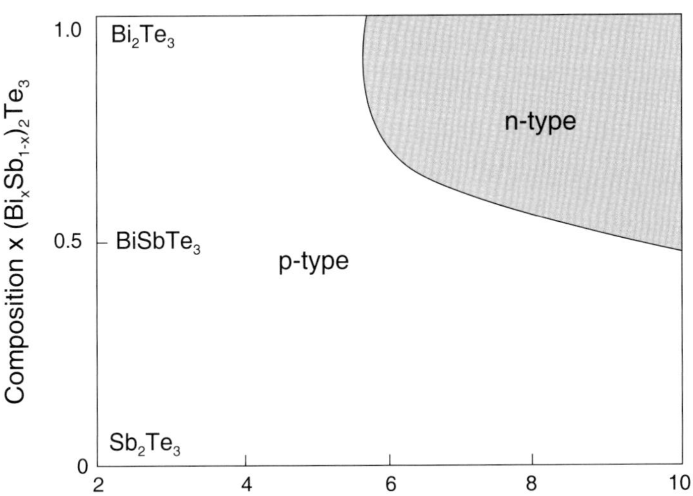


**그림 6-2** 조성비에 따라 400℃에서 성장된 Bi-Sb-Te박막 전도성 타입

함을 보고하고 있다. 이는 박막 성장 시 Te의 높은 평형 증기압에 기인하는 것으로 박막으로부터 Te의 증발을 억제하기 위해 Te-과다의 조건이 필요한 것으로 알려지고 있다. 따라서 성장 온도가 높은 경우 우수한 전기적 특성을 얻기 위해서는 더 많은 Te-과다의 공정 조건이 요구될 것으로 여겨진다.

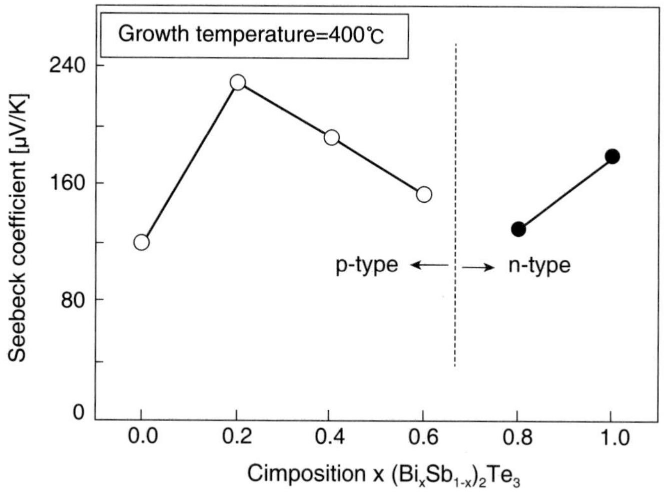


**그림 6-3** $(Bi_{1-x}Sb_x)_2Te_3$ 박막의 조성에 따른 상온에서의 Seebeck 계수

〈그림 6-3〉에 $(Bi_{1-x}Sb_x)_2Te_3$ 박막의 조성에 따른 상온에서의 Seebeck 계수를 나타내었다. 성장된 박막의 조성은 반응관으로 유입되는 TESb, DMCd의 비율로 제어하며 EDX (Energy Dispersive X-ray spectroscopy)로 확인한다. p-형의 경우 조성 x=0.2에서 230 μV/K으로 가장 큰 값을 나타내며, n-형의 경우 $Bi_2Te_3$ 조성에서 -180 μV/K 값을 나타내었다. 측정된 열전 특성 값들은 덩어리 형태의 소재와 비교하여 다소 작은 값을 보이고 있고 열전 상수의 측정은 박막과 수평 방향으로 측정된 것이다.

Bi-Te계 화합물의 경우 층상 구조를 가지며 열전 특성 또한 결정학적으로 c-축과 a, b 축 간에 이방성을 가진다. 성장된 박막의 경우 c-축 방향으로 성장된 것으로 수직 방향의 열전 특성은 다소 다른 값을 가질 수 있을 것으로 판단된다.

$Bi_2Te_3/Sb_2Te_3$를 4.5nm/4.5nm 주기의 초격자 형태로 제조된 시편의 X-선 회절 패턴을 〈그림 6-4〉에 나타내었다. X-선 회절 패턴은 (00l)의 회절 피크만 나타나 성장된 시편이 c-축으로 단결정 형태로 성장되었음을 알 수 있다. (0027), (0030), (0033) 주 피크는 초격자 구조에 의한 위성피크를 가졌으며 이 위성피크의 위치로부터 계산된 초격자의 주기는 성장된 박막의 두께와 잘 일치하였다. 다만 n=±1 이외의 위성 피크가 잘 관찰되지 않은 것으로 보아 초격자의 계면의 불균일성이 다소 있는 것으로 사료된다. 2θ 값이 작은 곳에서는 위성 피크가 잘 관찰되지 않았으며 이는 저각, 즉 낮은 면지수에서 x-선 패턴이 보이는 broadening에 기인 한 것으로 여겨진다.

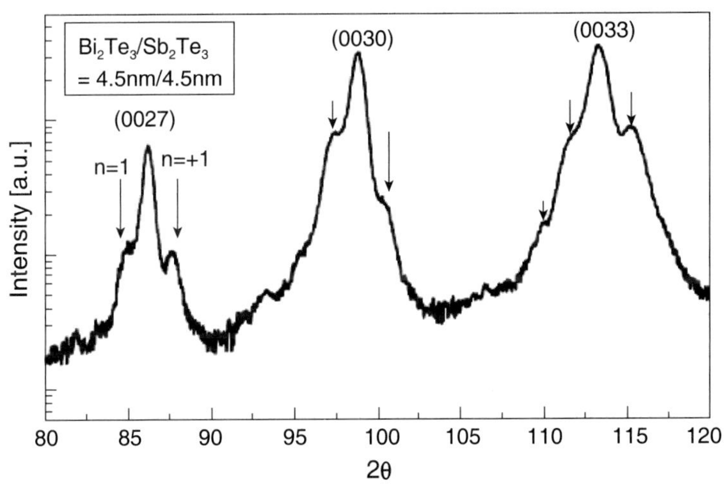


**그림 6-4** $Bi_2Te_3/Sb_2Te_3$ 초격자 시편의 x-선 회절 패턴

제작된 열전소자의 형상을 〈그림 6-5〉에 나타내었으며 열전발전소자의 특성을 측정하였다. 〈그림 6-5〉 (a)는 수평형 열전소자로 한 쌍의 p/n 열전 소재의 내부 저항은 750Ω 정도이며 전체 소자의 내부 저항값은 15KΩ으로 계산되어 진다. 본 소자의 경우 내부 저항 이외 여타의 저항 성분, 즉 접촉 저항, 금속 패드의 저항 성분은 내부 저

항과 비교하여 미미한 수준이다. 반면에 완성된 수평형 소자의 박막 특성과 비교하기 위하여 벌크에서 일반적으로 사용되는 방식인 수직형 소자를 박막형인 〈그림 6-5〉 (b)형태로 제작하였다.

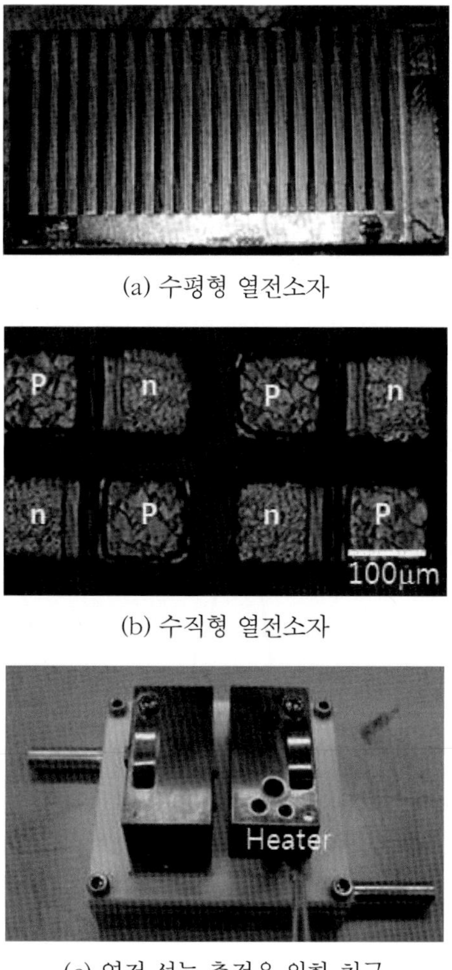


(a) 수평형 열전소자

(b) 수직형 열전소자

(c) 열전 성능 측정을 위한 치구

**그림 6-5** 열전소자 및 측정 치구

이 경우 열전 소재의 내부 저항보다 다른 저항 성분이 더 큰 값을 나타내었다. 그림에서 보이는 열전 소재는 100μm × 100μm × 4μm의 크기를 가지며 소재의 전기적 특성으로부터 계산되는 내부 저항은 0.02Ω에 불과하였다. 따라서 이러한 열전 소재를 사용하여 발전

혹은 냉각 특성을 나타내는 소자를 제작할 경우 접촉 저항이나 금속 패드의 저항을 이보다는 훨씬 낮은 수준으로 유지시켜야 한다. 따라서 접촉 저항을 10-6Ω.cm$^2$ 정도로 유지하더라도 (100×100)μm$^2$의 크기에서는 0.01Ω 정도로 매우 큰 저항값을 나타내게 된다. 또한 금속을 1μm 이상의 두께로 증착하여 금속 패드에서의 저항값을 최소화하여야 한다. 실제 제작된 수직형 소자의 경우 이러한 외부적인 저항 성분으로 인하여 발전 특성을 측정할 수 없었다. 이러한 문제를 해결하기 위해서는 박막의 두께를 10μm 이상 두껍게 성장하여 내부 저항 성분을 크게 할 필요가 있으며 동시에 접촉저항의 개선이 이루어져야 한다. 〈그림 6-5〉 (c)는 제작된 열전소자의 발전특성을 평가하기 위한 측정 치구이다. 구리로 제작된 두 블록의 한쪽에는 히터를 삽입시키고 다른 부분은 수냉이 될 수 있는 구조로 제작되었다. 〈그림 6-5〉 (a)의 열전소자를 두 구리 블럭에 부착시키고 온도구배를 주었을 때 나타나는 전압을 측정한다.

〈그림 6-6〉에 제작된 열전소자의 온도구배에 따른 출력 특성을 나타내었다. 출력되는 전압은 온도구배 45K에서 285mV의 값을 나타

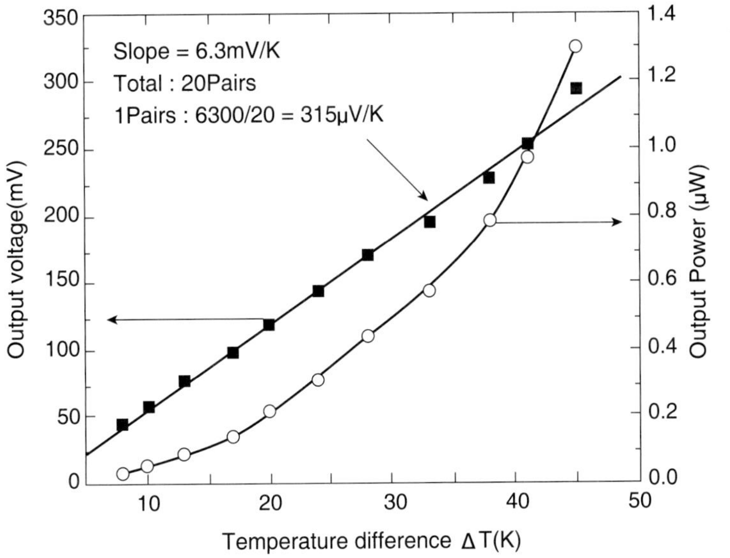


**그림 6-6** 열전소자의 온도구배에 따른 출력 특성

내었다. 이 값은 소자 제작에 사용된 소재의 열전 상수로부터 계산한 값과 비교하여 25 % 정도 작은 값이다. 본 측정 장치에서 온도는 구리블럭에서 측정한 것으로 실제 소자의 표면에 가해지는 온도구배는 다소 작은 값을 나타낼 수 있기 때문으로 여겨진다. 본 소자의 전체저항은 16.5KΩ으로 열전 소재의 전기적 특성으로부터 계산된 15KΩ 보다 다소 큰 값을 나타내었다. 즉, 1.5KΩ의 저항 성분은 접촉 저항, 금속 패드 등에 의해 추가된 것으로 추측할 수 있다. 발전소자의 최대 출력은 부하 저항이 내부 저항과 동일한 16.5KΩ일 때라고 가정하면 45K 온도구배에서 얻을 수 있는 최대 출력은 1.3μW로 계산되어 진다.

본 장에서 소개한 열전소자 제조 방법을 정리하면 다음과 같다. MOCVD 방법으로 Bi-Sb-Te계 초격자형 열전 소재를 제조하고, p-형 및 n-형 열전 재료의 전도 특성 제어를 위한 공정 조건을 구하였다. p-형 및 n-형 열전 소재의 열전 상수는 각각 최대 230 μV/K와 -180 μV/K의 값을 나타내었다. 이러한 열전 소재로 동일한 기판위에 p-형 및 n-형 열전 쌍 어레이 소자를 제조하는 방법을 제시하였다. 이 방법은 포토레지스터를 사용하여 상온 근방에서 증착하는 기법으로만 제조되던 기존의 방법과는 달리 MBE법, MOCVD법 등 높은 온도에서 제조되는 열전 소재의 소자화에도 적용될 수 있다. 따라서 나노 구조체 등 열전 성능이 향상된 열전 소재의 소자화를 앞당길 수 있는 방법으로 여겨진다.

박막형 열전소자 제작 시 우선적으로 고려하여야 할 점은 열전 소재의 내부 저항 성분을 접촉 저항 등 외부 저항 성분보다 더 크게 만들어 주어야 하는 것이다. 또한 얇은 두께의 열전소자에서 어떻게 온도구배를 유지시킬 수 있는가 하는 점이다. 전자의 경우 열전 소재를 두껍게 하여 내부 저항을 크게 하거나 접촉 저항을 개선하는 방법으로 해결하여야 할 것이다. 후자의 경우 온도구배 유지를 위해서는 히트싱크, 발열체 등 패키징 부분이 매우 중요한 점으로 작용될 것이다. 따라서 열전 특성이 향상된 열전 소재의 소자화를 위해서는 이러한 부분에 대한 연구 개발이 필요하다. 에너지 활용 측면에서 열전 소재는 아직까지는 크게 기여하지 못하고 있으나 특정 분야에서는 많은 장점이 있다. 즉, 열전 재료를 이용하면 기기의 소형화가 용이하고, 가동 부분을 필요로 하지 않아 장치가 단순해지며 열원을 가리지 않고 안정한 전력 공급이나 냉각을 할 수 있다. 특히 무소음으로 작동이 가능하여 앞으로 이와 같은 분야에는 수요가 점점 많아질 것으로 사료된다.

제 7 장

# 나노선을 이용한 열전발전 모듈

미세 가공 기술과 미세 전자 회로 제조 기술울 이용한 MEMS (Micro Electromechanical System)는 초소형 센서 및 액츄에이터 소자 제조에 폭 넓게 적용되고 있다. 이러한 소형 MEMS 소자에 동력을 공급하는 배터리는 크기와 충전 용량의 한계 및 수명 문제로 개선이 필요하다. 따라서 배터리 대신 동력을 공급하는 초소형 전원 공급 장치를 MEMS형으로 제조하여 MEMS형 센서 및 액츄에이터용 전원으로 사용하게 되면 시스템의 소형화를 이룰 수 있어 이에 대한 연구 개발이 활발히 진행되고 있다.

본 장에서는 MEMS형 전원 장치를 제조하는 방법에 대해 기술하고자 한다. 열전 재료는 고온부와 저온부로 구별되어 온도구배가 유지되면 열에너지를 전기에너지로 변환할 수 있기 때문에 전기에너지를 공급하는 전원 장치로 사용할 수 있다. 이러한 발전 장치를 열전 발전기(TEG : Thermo-electric generator)라고 한다. 열전발전기의 성능은 얼마나 작게 만들 수 있으며, 또한 이때 생성되는 전압의 크기는 얼마나 크게 높일 수 있는지에 따라 정해지게 되며, 열전소자의 재료 특성 및 소자의 설계 변수 그리고 초소형 가공 기술 능력에 따라 열전발전기의 성능 및 제조 수율에 영향을 미치게 된다. 현재의 미세 가공 기술은 열전발전 소자의 n-leg 및 p-leg의 소형화에 집중하여 leg의 크기를 수 μm로 만드는 수준에 도달하였으나 전체적인 열전 성능은 벌크형의 열전소자와 큰 차이가 없는 것으로 보고되고 있다. 따라서 열전 소재를 nm 크기로 소형화하여 양자효과를 활용하게 되면 열전 성능 지수를 획기적으로 높일 수 있을 것으로 기대가 된다. 현재 열전 소재 중에서는 저온형으로 Bi계 화합물의 열전 성능이 뛰어나기 때문에 $Bi_2Te_3$ 열전 소재를 전기도금 공정을 이용하여 p형 및 n형의 나노선(Nano wire)으로 만들어 열전소자를 설계 제작하였고 소자의 특성을 평가하였다.

열전 변환 효율은 열전 성능 지수인 ZT값으로 평가하며, Z = α2σ/κ로 표현된다. α, σ 및 κ는 각각 Seebeck 계수, 전기전도도 및 열전도도를 의미한다. 여기서 α, σ 및 κ는 서로 독립적이지 않고, 모두 전하 운반체(charge carrier) 농도의 영향을 받게 된다. 열전 변환 소재 내에 도핑 공정으로 전하 운반체 농도를 증가시키더라도 전하 운반체는 동시에 열 운반체로 작용하기 때문에 dopping level 변화만으로는 열전 성능 지수를 획기적으로 개선시킬 수 없는 이유가 되고 있다. 현재 $Bi_2Te_3$소재에 Sb를 dopping하여 제조한 $Bi_{2(1-x)}Sb_{2x}Te_3$ 소재의 경우, 상온에서 ZT값은 약 1로서 열전 변환 효율은 약 5% 정도에 불과하다. 최근 열전 변환소재의 크기를 nm급으로 소형화시키면 열 전달에 있어서 양자 효과를 극대화하여 열 전달 특성을 감소시켜 열전 성능 지수를 획기적으로 증가시킬 수 있는 이론적 배경과 실험 결과가 발표되고 있다.

본 장에서는 열전 소재인 n-형 및 p-형인 $Bi_2Te_3$ 나노선을 이용하여 초소형 열전발전기 제작에 대한 공정에 대해 설명한다. $Bi_2Te_3$ 나노선의 제작은 나노크기의 기공을 갖는 알루미나 템플레이트를 사용하여 전기도금법으로 제작하였다. 제작된 n-형 및 p-형인 $Bi_2Te_3$ 나노선의 직경은 50nm이고 307K 온도에서 측정한 Seebeck 계수는 각각 188μV/K 및 260μV/K이다. 초소형 열전발전 소자의 형상은 C층/B층/A층/B층/C층으로 총 5개의 층을 적층하여 구성하였으며, 열전 나노선 소재로 구성된 A층은 n-형 및 p-형인 $Bi_2Te_3$ 나노선으로 형성된 4각형 패치를 배열한 것이다. 2개의 B층은 전기전도층으로 A층의 n-형 및 p-형인 $Bi_2Te_3$ 나노선으로 형성된 4각형 패치를 전기적으로 직렬 연결시키도록 하였다. 또 다른 2개의 C층은 열전도막 층이다. 이렇게 구성된 초소형 열전발전기의 적층 두께는 200μm 이하이다. 〈그림 7-1〉은 전기도금법으로 Bi2Te3 나노선 성장을 위한 다공질 알루미나 템플레이트의 표면사진이며, 전기도금액 조성은 〈표 7-1〉에 나타내었다. 전기도금법 나노선 성장은 질소 분위기에서 수행하였다.

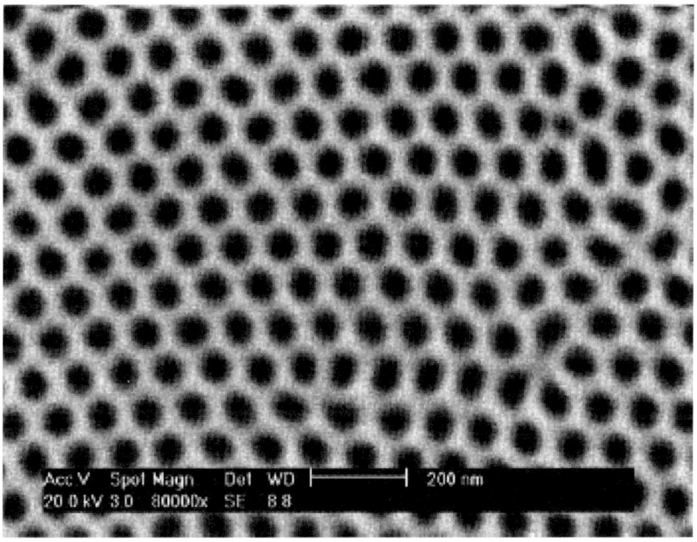


**그림 7-1** 다공질 알루미나 템플레이트 표면 사진

**표 7-1** 전기도금 용액 조성

| 화학 성분 | 농도(M) |
|---|---|
| $NO_3^{-1}$ | 1 |
| $Bi^{+3}$ | 0.013 |
| $HTeO_2^{+1}$ | 0.010 |

〈그림 7-2〉는 전기도금법으로 성장시킨 나노선의 TEM 사진 및 알루미나 템플레이트 내에서 성장한 $Bi_2Te_3$ 나노선 묶음의 SEM 사진을 나타낸 것이다. 나노선의 TEM 사진은 알루미나 템플레이트를 NaOH 수용액에서 제거한 후 관찰하였고 나노선의 직경은 약 50 nm 이다. 〈그림 7-2〉 (b)에서 $Bi_2Te_3$ 나노선 묶음의 두께는 약 100μm이며 나노선 묶음의 하단부는 Ni층과 연결되어 있다.

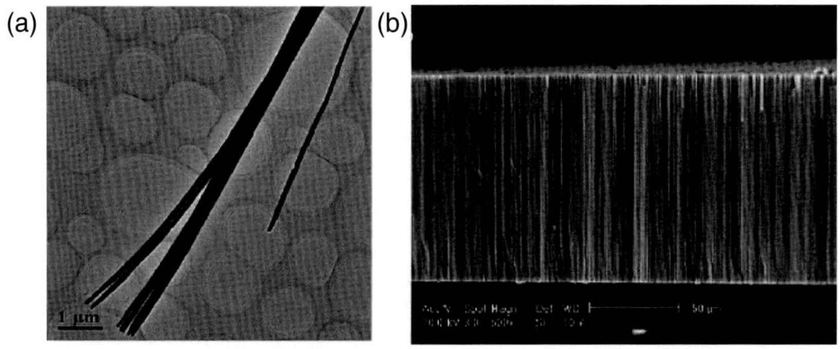


(a) 나노선의 TEM 사진
(b) 알루미나 템플레이트 내에서 성장한 $Bi_2Te_3$ 나노선 묶음의 SEM 사진

**그림 7-2**

전기도금법으로 제조한 n-형 및 p-형 $Bi_2Te_3$ 나노선 묶음의 Seebeck 계수는 상온 부근에서 측정하였으며 온도와의 관계는 그림 7-3에 나타내었다.

n-형 $Bi_2Te_3$ 나노선 묶음의 Seebeck 계수는 약 -188μV/K이고, p-형 $Bi_2Te_3$ 나노선 묶음의 Seebeck 계수는 약 270μV/K로서, 벌크 열전 재료의 Seebeck 계수보다는 약간 크나 나노선의 Seebeck 계수는 기대한 값보다는 높지 않았다. 이는 나노선의 직경 약 50nm가 열전 특성 향상을 위해서는 매우 큰 크기로 판단된다. 또 하나의 문제점으로는 $Bi_2Te_3$ 나노선의 조성 변화와 전기도금 공정 중 전압과 전해질의 농도 등 개선이 필요할 것으로 보인다.

n-형 및 p-형 $Bi_2Te_3$ 나노선을 이용하여 고전압 열전발전 소자를 제작하기 위해서는 나노선들을 직렬 연결해야 하지만 나노선 묶음

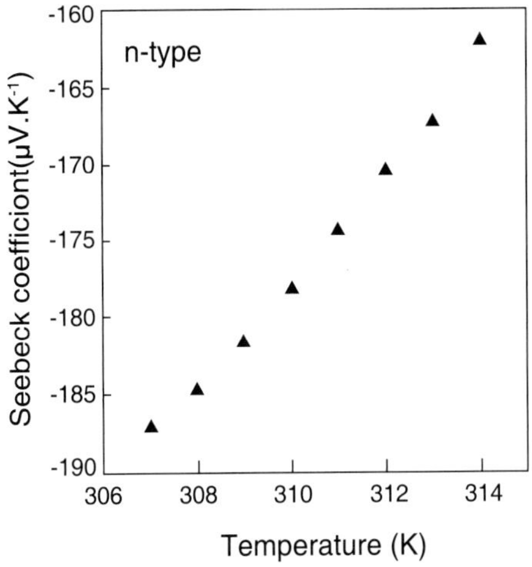


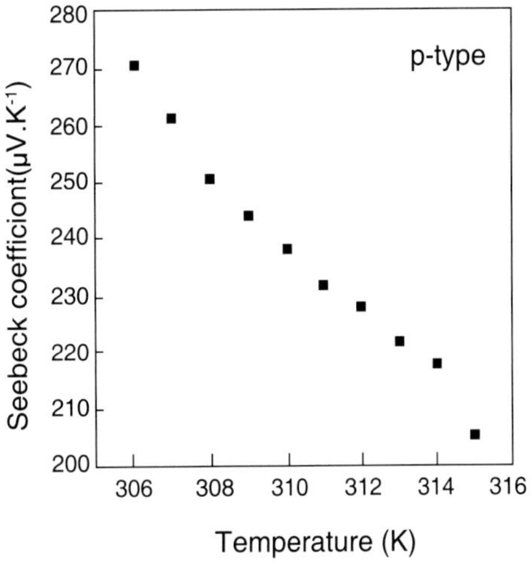


**그림 7-3** 전기도금법으로 제조한 n-형 및 p-형 $Bi_2Te_3$ 나노선 묶음의 Seebeck 계수와 온도와의 관계

의 충진선 밀도가 109개/$cm^2$에 달하므로 현재의 기술로는 거의 불가능하다. 또한 직렬 연결이 가능하다고 하더라도 나노선 내부 저항이 매우 커서 열전발전 소자의 성능에 제약을 줄 것으로 보인다. 반면에 나노선들을 병렬 연결시키는 것은 성장된 나노선들이 병렬로 배열되어 있기 때문에 나노선 묶음 상하에 전기전도층만 증착시키면 되므로 매우 간단하다. 본 장에서 소개하는 나노선을 이용한 열전발전 소자의 형상은 5개의 적층 구조로서 C층/B층/A층/B층/C층으로 구성된 것이다.

열전 나노선으로 구성된 A층은 n-형 및 p-형인 $Bi_2Te_3$ 나노선으로 형성된 4각형 패치를 같은 수만큼 배열하고 나노선 묶음의 패치 사이는 전기절연층인 알루미나로 분리되어 있는 구조이다. 〈그림 7-4〉 (a)는 A층의 구조를 도시화한 것이다. 〈그림 7-4〉 (b)는 2개의 전기전도층 (B층)으로 A층의 n-형 및 p-형인 $Bi_2Te_3$ 나노선으로 형성된 4각형 패치를 전기적으로 직렬 연결시키도록 구성한 것을 나타낸 것이다. 또 다른 2개의 C층은 열전도막 층으로 〈그림 7-4〉 (c)에 나타내었다. 이렇게 구성된 초소형 열전발전기의 적층 두께는 200μm 이

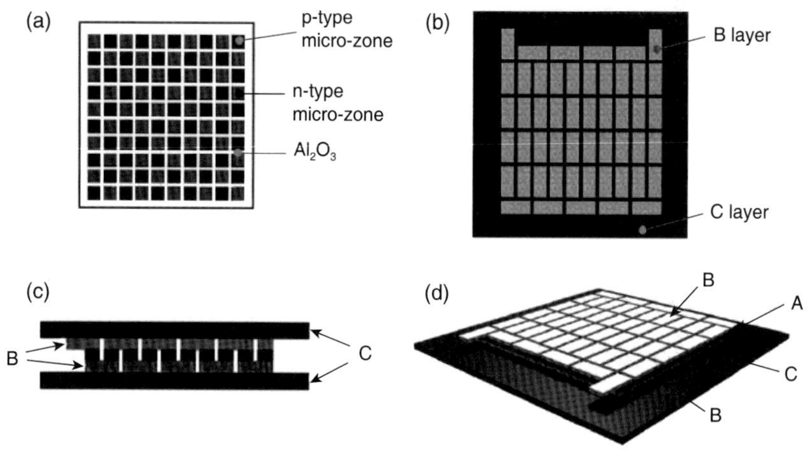


(a) A층의 구조도 (b) 전기전도층인 B층과 C층의 구조도 (c) 초소형 열전발전 소자의 단면도 (d) 초소형 열전발전 소자의 형상도 (상부 전도층인 C층은 생략)

**그림 7-4**

하로서 〈그림 7-4〉 (d)에 3차원 형상을 묘사하였다. A층의 n-형 및 p-형인 $Bi_2Te_3$ 나노선으로 형성된 4각형 패치는 크기가 매우 작아 1cm$^2$의 면적에 1백만개 이상의 4각형 패치가 연결되는 구조로서 고전압 발생이 가능한 열전소자 제작이 가능하다.

박막 적층형 열전발전 소자의 제조 공정을 〈그림 7-5〉에 나타내었다. 제조 공정은 크게 A층, B층 및 C층 공정으로 구분한다. 나노 크기의 다공성 알루미나 필름은 n-형 및 p-형 $Bi_2Te_3$ 나노선을 성장시키는 템플레이트로 사용하며, 또한 열전발전 소자에서 전기절연층으로 기능하기 때문에 전 공정에서 매우 중요한 역할을 한다.

알루미나 템플레이트의 개구면에는 2μm 두께의 Au층을 형성시켜 전기도금 공정에서 $Bi_2Te_3$ 나노선이 성장하는 층이 된다. 알루미나 템플레이트의 폐구면에는 PR을 스핀코팅 방법으로 도포하여 n-형 마스크를 패터닝하고, 5wt.% NaOH 용액으로 barrier층을 에칭하여 나노 기공을 열어 나노선 패치 기공에 전기도금액을 채우게 된다. n-형 나노선 패치 기공에서는 n-형 $Bi_2Te_3$ 나노선 묶음이 5시간 동안에 걸쳐 만들어진다. 남은 PR을 제거한 후 PR을 스핀코팅하여 n-형

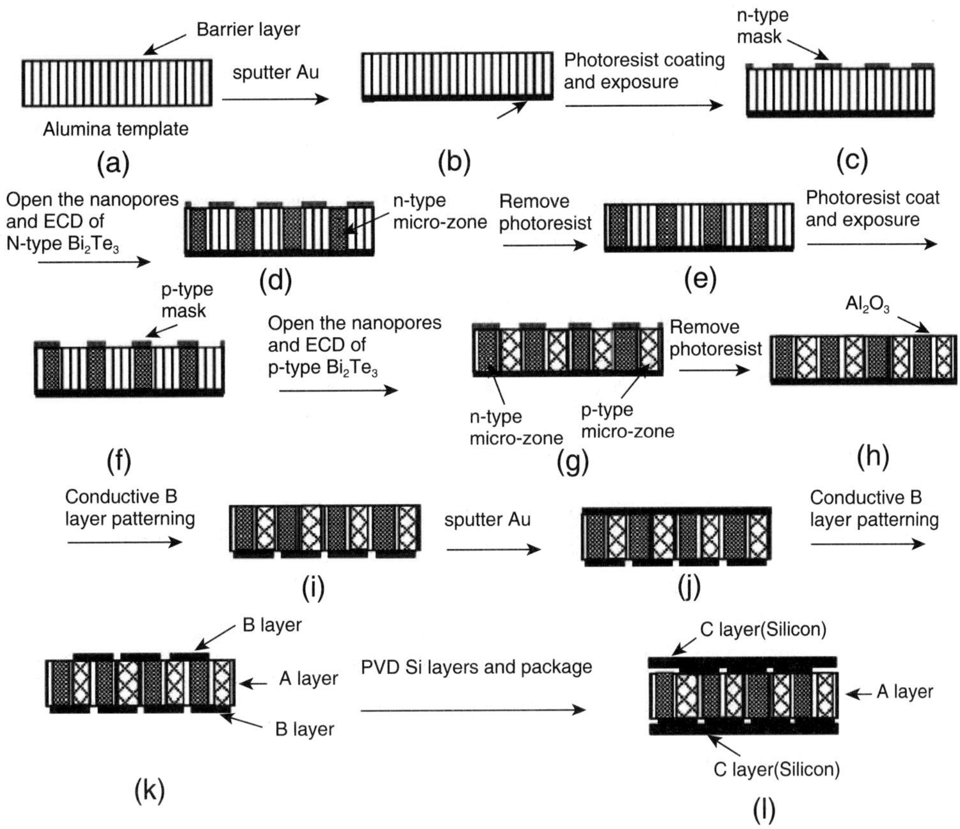


**그림 7-5** 초소형 열전발전 소자의 제조 공정도

마스크를 패터닝하고, p형 나노선 패치 기공에 p-형 $Bi_2Te_3$ 전기도금액을 채워 p-형 $Bi_2Te_3$ 나노선 묶음을 성장시켜 A층을 형성한다. 다음에 B층을 구성하는 Au막을 에칭하여 n-형 $Bi_2Te_3$ 패치와 p-형 $Bi_2Te_3$ 패치를 직렬 연결하고, A층의 반대 면에 Au막와 1μm 두께의 Au층을 증착하고 패터닝 및 에칭 공정을 거쳐 n-형 $Bi_2Te_3$ 패치와 p-형 $Bi_2Te_3$ 패치를 직렬 연결시킨다. 마지막으로 2개의 B층에 열전도층으로서 Si을 증착하여 C층으로 만들어 포장하게 된다.

전기도금법으로 성장시킨 n-형 나노선 패치의 배열 형상을 〈그림 7-6〉에 나타내었다. n-형 나노선 패치는 회색으로 보이는 부분이고, 나노선 패치의 크기는 50μm × 50μm으로 사각형상이다. 검은 부분은 p-형 나노선 패치를 형성할 부위이다.

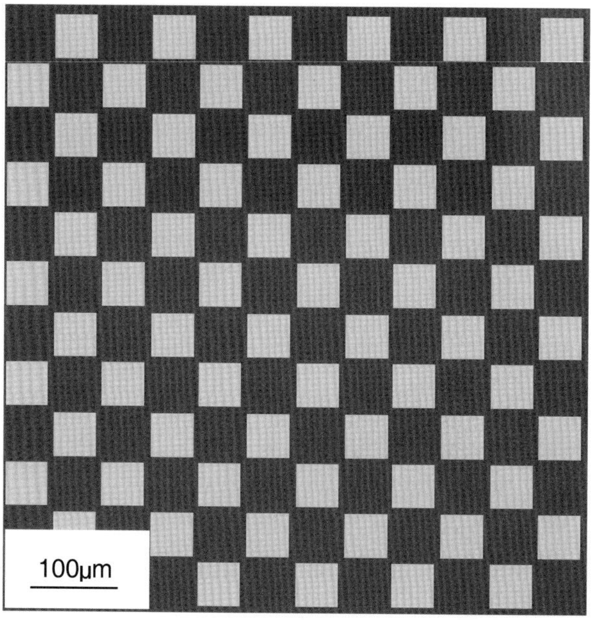


**그림 7-6** 전기도금법으로 성장시킨 n-형 나노선 패치의 배열

n-형 나노선 패치의 단면 형상도가 〈그림 7-7〉에 나타나 있다. 기공사이의 알루미나 템플레이트 벽의 두께가 두껍기 때문에 기공 내에서 나노선이 템플레이트의 표면까지 동시에 성장하는지는 확인하기가 쉽지 않다. 기공 내에서 나노선의 성장 속도는 금속이온의 확산 속도에 의해 지배되며, 일단 1개의 나노선이 알루미나 템플레이트 표면까지 성장하게 되면 나노선의 성장 속도는 빨라지기 때문에 금속이온의 확산은 더 이상 문제가 되지는 않는다. 이리하여 나노선들이 기공을 채우면서 성장하게 된다. 이때 일부의 나노선들은 표면까지 성장을 못하여 패치의 전기적 저항을 높이게 된다. 기공 내에서의 나노선의 충진율은 알루미나 템플레이트의 구조적 균일성, 전기도금액의 $Bi^{3+}$ 및 $HTe^{2+}$ 이온의 농도 그리고 도금 속도에 영향을 받는다. 알루미나 템플레이트의 barrier 층은 보호막 역할을 하여 PR 코팅 시 내부 기공에 PR이 침투하는 것을 막아준다. 또한 간단히

NaOH 용액으로 제거되기 때문에 $Bi_2Te_3$ 전기도금액을 채워 넣을 수 있으며, 알루미나는 전기절연 특성이 우수하며 금속 층의 증착도 쉽게 이루어지기 때문에 나노선을 이용한 초소형 열전발전 소자에 사용된다.

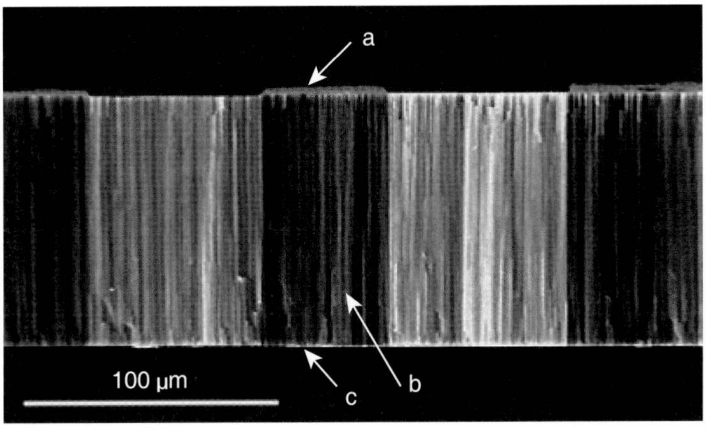


(a) 알루미나 템플레이트 기공 안에서 성장한 나노선
(b) 나노기공 내에 채워진 열전 소재 (c) 스퍼터링한 Au 층

**그림 7-7** n-형 나노선 패치의 단면 형상도

제 8 장

# MEMS형 열전 냉각 모듈 제작

파워 증폭기, 레이저 반도체, 마이크로프로세서 등으로 구성된 전자회로에서 국부적인 고온부를 냉각시키기 위한 초소형 냉각 장치의 필요성이 커지고 있다. 기존의 냉각 장치인 소형 heat pipe, heat sink 및 냉각 팬 등은 냉각 성능이 우수하지만 큰 부피, 전자회로와의 패키징 문제, 냉각 유체 보충 등의 불편함으로 인해 국부적인 냉각 장치로는 부적합하다.

본 장에서는 초소형 열전 냉각 소자의 설계 및 제조 방식을 소개한다. 열전 냉각 소자의 동작 원리는 열전 재료의 Peltier 효과를 이용한 것이다. Peltier 효과는 2종류의 금속재료 또는 n-형 및 p-형 반도체 재료의 접점에 전류가 흐르게 될 때 관찰되는 현상이다. 〈그림 8-1〉 (a)는 n-형 반도체/금속층/p-형 반도체 접합부 (N/M/P)의 에너지 밴드 모식도를 나타낸 것이다. N/M/P junction에서 전류가 n-형 반도체에서 p-형 반도체로 흐를 경우 금속 내의 전자 및 정공은 충분한 에너지를 얻어 더 높은 에너지 준위로 이동하게 된다. 이때 접점부가 냉각이 필요한 부분이라면 열 흡수층으로 작동하게 된다.

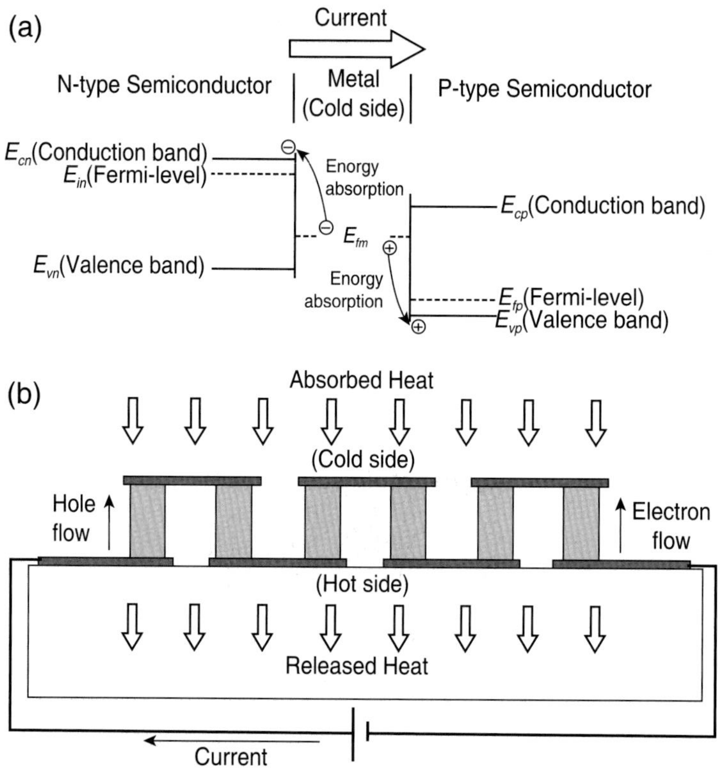


(a) p-형 반도체/금속층/n-형 반도체 접합부의 에너지 밴드 모식도
(b) 열전 냉각 소자의 단면 구성도

**그림 8-1**

〈그림 8-1〉 (b)는 상업화된 단일 기둥형 열전 냉각 소자의 단면 구성도를 나타낸 것으로 금속으로 연결된 n-형 및 p-형 반도체 쌍으로 이루어져 전류가 n-형 반도체에서 p-형 반도체로 흐를 경우 열전 냉각 소자의 상부층 (N/M/P 배열형)은 열을 흡수하여 열전 냉각 소자의 하부층 (P/M/N 배열형)으로 열을 방출하여 상부층을 냉각시키는 기능을 수행하게 된다. 이러한 열전 냉각 소자는 고체 소자로서 신뢰성과 함께 냉각 성능이 우수하다. 그러나 이러한 형태의 열전 냉각 소자는 제조 공정이 반도체 공정과 다르기 때문에 소자의 크기를 획기적으로 줄일 수 없는 문제가 있다.

현재 사용되는 열전 냉각 소자의 크기는 15mm × 15mm × 3mm에서부터 55mm × 55mm × 5mm까지 범위에 있기 때문에 전자회로의 소형화에 대응하는 데 한계가 있다. 따라서 기존의 기둥형이 아니고 반도체 공정 기술을 활용한 평판형 열전 냉각 소자의 제조에 대한 연구 개발이 활발하다. 초소형 열전 냉각 소자에 사용되는 열전 재료는 SiGe/Si, InGaAsP 및 $Bi_2Te_3/Sb_2Te_3$ 등을 열전 층 소재로 사용하여 왔다. 이들 열전 냉각 소자의 저온부와 고온부의 최대 온도 차는 0.7K에서 32.2K 정도로 보고되고 있다. 초격자 열전 소재의 냉각 성능이 화합물 열전 소재의 냉각 성능보다 우수하지만 복잡한 제조 공정으로 인한 고비용 때문에 상업화에는 적용하기 어렵다. 본 장에서는 2종류의 초소형 열전 냉각 소자의 제조 방식을 소개한다. 1) $Bi_2Te_3/Sb_2Te_3$ 열전 재료를 사용한 기둥 묶음형 냉각 소자 2) Polysilicon 열전 재료를 사용한 가교형 냉각 소자

열전 냉각 소자에서 냉각부에서 흡수하는 열량(Qc)은 Peltier 효과와 이를 상쇄하는 열전도 및 Joule열에 의해 결정된다. 즉 열전 냉각 소자의 성능은 다음과 같은 식으로 표현할 수 있다.

$$Q_c = \alpha I T_c - k(T_h - T_c) - (1/2)I^2 R$$

여기서 α는 Seebeck 계수, Tc는 저온부 온도, Th는 고온부 온도, I는 구동전류, k는 열전도도 그리고 R은 열전 냉각 소자의 전기저항이다. 따라서 높은 Seebeck 계수, 낮은 전기저항, 낮은 열전도도 특성을 갖는 냉각 소자의 성능 효율이 우수하게 된다. 냉각 소자의 성능 효율은 성능 지수인 COP (Coefficient of Performance) 값으로 나타내는데 투입되는 전력 대비 흡수하는 열량의 비로 정의하고 있다. 즉, $COP=Q_c/IV$이다. 〈그림 8-2〉는 기둥형(column-type) $Bi_2Te_3/Sb_2Te_3$ 열전 냉각 소자 및 가교형(bridge-type) polysilicon 열전 냉각 소자 구성도를 나타낸 것이다.

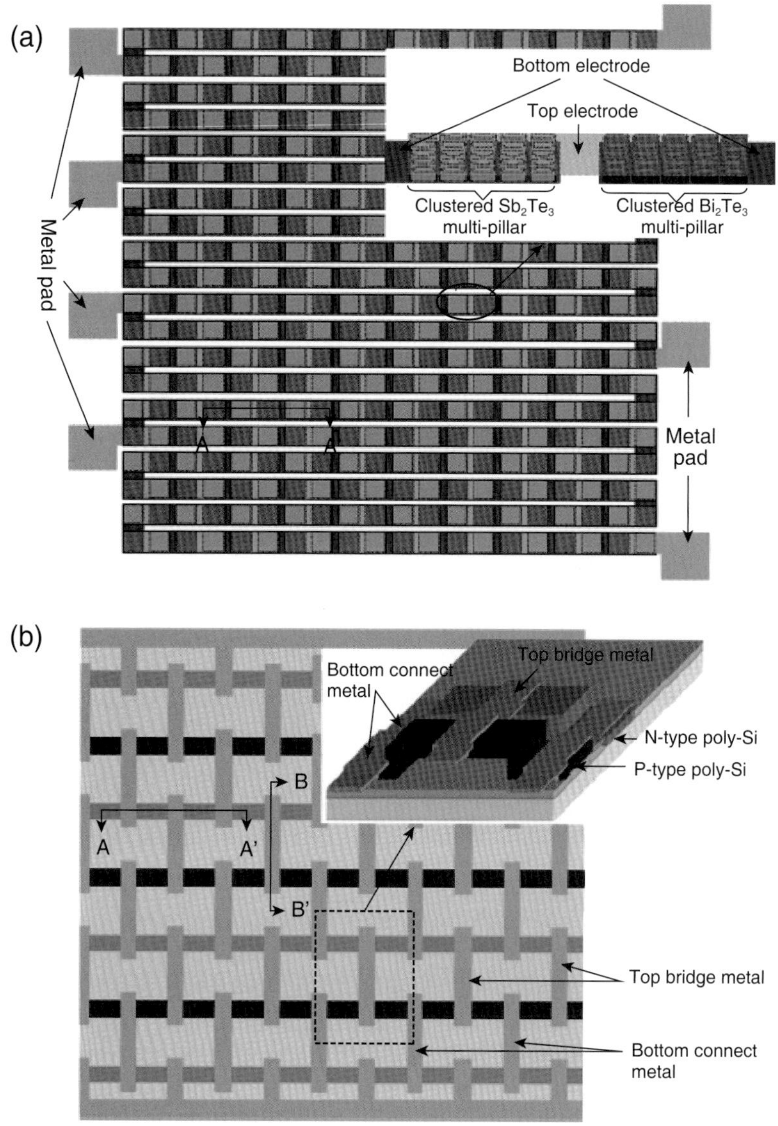


(a) 기둥형(column-type) $Bi_2Te_3$/$Sb_2Te_3$ 열전 냉각 소자 구성도
(b) 가교형 (bridge-type) polysilicon 열전 냉각 소자 구성도

그림 8-2 열전 냉각 소자 구성도

여기서 소개하는 냉각 소자는 2종류로서 다음과 같다.

1. 기둥형 냉각 소자
열전 재료 〈$Sb_2Te_3$(α=49.4μV/k), 〈$Bi_2Te_3$(α=-91.6μV/k)〉
기둥의 직경 = 20μm, 기둥 묶음 = 100개 단위,
$Sb_2Te_3$ 기둥 묶음 : 200개 배열, $Bi_2Te_3$ 기둥 묶음 : 200개 배열
냉각 소자 크기 : 6mm × 6mm

2. 가교형 냉각 소자
열전 재료
〈p-형 polysilicon(α=460.2μV/k)〉, 〈n-형 polysilicon(α=-87.7μV/k)〉
표면 미세 가공 기술(Surface micromachinig process) 적용

기둥형(column-type) $Bi_2Te_3$/$Sb_2Te_3$ 열전 냉각 소자의 제조 공정은 〈그림 8-3〉에 나타내었다. 이 공정에서는 4개의 포토마스크 만이 요구된다. 우선 하부 전극층으로 200Å Cr/2000Å Au 층이 525μm 두께의 산화된 Si 웨이퍼 상에 e-beam으로 증착된다. 다음에 10μm 두께의 p-형 PR을 코팅하고 패터닝 (1차 포토마스크 사용)한 후 8μm 두께의 $Bi_2Te_3$층을 전기도금 공정으로 형성한다. 전기도금 용액의 조성은 13mM-Bi, 10mM-Te 및 1M 질산수용액으로 이루어진다. 도금 공정 조건은 전류 밀도 0.3mA/$cm^2$이며 도금 증착 속도는 시간당 0.4μm이다. 2차 포토마스크를 사용하여 $Sb_2Te_3$층을 성장시키는 기공을 패터닝하여 $Sb_2Te_3$층을 전기도금한다.

전기도금 용액의 조성은 10mM-Sb, 12mM-Te 및 1M 질산수용액으로 이루어진다. $Sb_2Te_3$층 도금 공정 조건은 $Bi_2Te_3$층 전기 도금 공정과 유사하다. 3차 포토마스크를 사용하여 하부 전극층을 패터닝하고 습식 에칭한다. 마지막으로 n-형 열전 재료 기둥 및 p-형 열전 재료 기둥 사이의 공간을 PR 코팅 공정을 통해 채운다. 1차 및 2차 포토마스크를 사용하여 n-형 열전 재료 기둥 및 p-형 열전 재료 기둥의 표면층을 노출시킨다. 200Å Cr/2000Å Au 층으로 상부 전

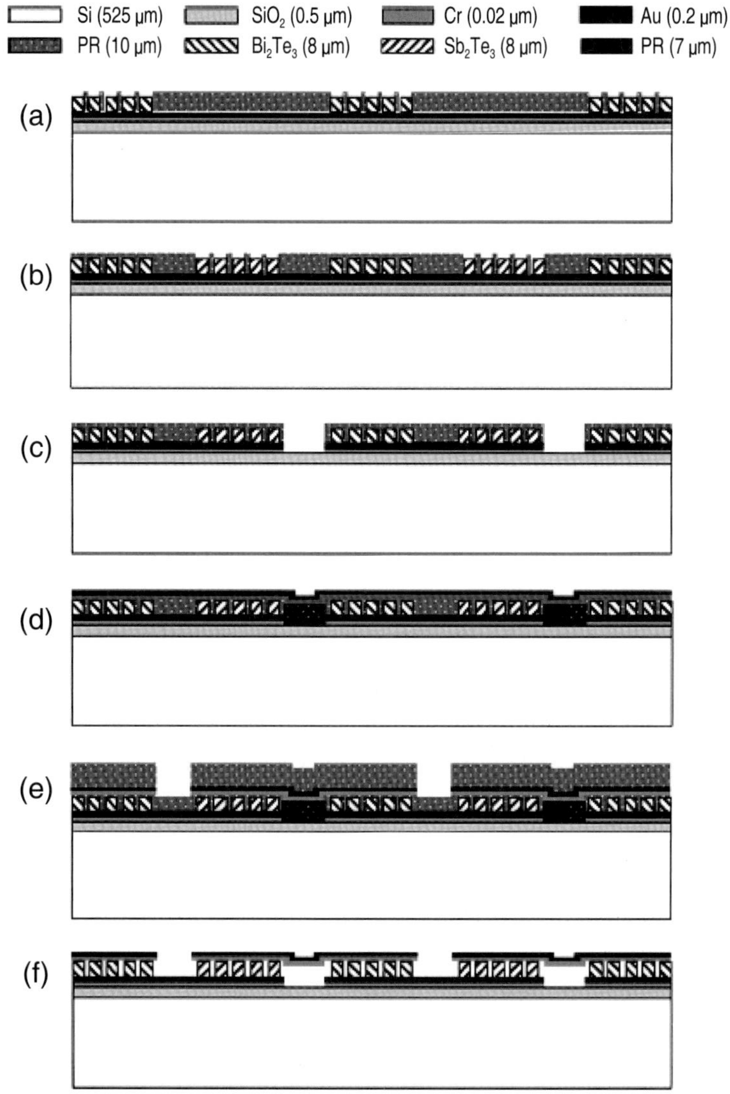


(a) 200 Å Cr/2000 Å Au 하부 전극층 증착 및 8-μm 두께의 $Bi_2Te_3$ 열전 소재층 도금
(b) 8-μm 두께의 $Sb_2Te_3$ 열전 소재층 도금
(c) 하부 전극층인 Cr/Au 전극층 패터닝
(d) 상부 전극층인 Cr/Au 전극층 도금
(e) 상부 전극층인 Cr/Au 전극층 패터닝
(f) PR 희생층 제거

**그림 8-3** 기둥형 (column-type) $Bi_2Te_3/Sb_2Te_3$ 열전 냉각 소자의 제조 공정

극층을 형성한 후 4차 포토마스크로 패터닝하여 최종적으로 기둥형(column-type) $Bi_2Te_3/Sb_2Te_3$ 열전 냉각 소자를 제작한다.

가교형 (bridge-type) polysilicon 열전 냉각 소자의 제조 공정은 〈그림 8-4〉에 나타내었다. Polysilicon Peltier 엘리멘트의 면적 크기는 40μm × 40μm이고, 이 중에서 가교형 부위의 면적 크기는 30μm × 10μm이며, air gap은 3μm이다. 가교형(bridge-type) polysilicon 열전 냉각 소자의 크기는 10mm × 10mm로서 62,500개의 polysilicon Peltier 엘리멘트를 표면미세 가공 기술을 사용하여 집적화시켰다. 제조 공정을 단계별로 간단히 설명하면 희생층으로서 3μm 두께의 PSG(phosphosilicate glass)층을 PECVD(plasma enhanced chemical vapor deposition) 방법으로 Si-wafer(5000Å $SiO_2$/3000Å $Si_3N_4$/525μm Si)상에 증착시킨다.

1차 포토마스크로 PSG층을 패터닝하고 ICP Inductively coupled plasma) 법으로 에칭한다. 1.5μm 두께의 polysilicon층을 590℃ 온도에서 LPCVD(low pressure chemical vapor deposition)법으로 증착한다. n-형 및 p-형의 polysilicon 도핑 공정 전에 1.0μm 두께의 확산 방지 산화막을 APCVD(atmospheric pressure chemical vapor deposition)법으로 polysilicon층에 형성한 후 2번, 3번 포토미스크로 n-형 및 p-형 도핑을 위한 패터닝을 실시한다. n-형 및 p-형의 polysilicon 엘리먼트 제조를 위한 도핑 조건은 각각 1150℃ × 60min 및 1100℃ × 60min이며, 도핑 농도는 $10^{19}cm^{-3}$이고 저항값은 6.9μΩm 및 61.5μΩm이다. 확산 방지막 제거 후 4번 포토마스크로 polysilicon 층을 패터닝하고 에칭한다. 500Å Cr/5000Å Au 전극층 증착 후 5번 포토마스크로 패터닝한다. 희생층 제거는 희석된 불화수소 수용액(HF : $H_2O$ = 1 : 2)을 사용한다. 본 장에서 소개하는 가교형(bridge-type) polysilicon 열전 냉각 소자 제작을 위해서는 총 5개의 포토마스크기 필요하다.

두께 1.5μm의 p-형 및 n-형 polysilicon 및 도금법으로 제조한 두께 8μm의 telluride 열전 재료의 특성을 〈표 8-1〉에 정리하였다. Polysilicon과 telluride 열전 재료에서 p-형과 n-형의 Seebeck 계수

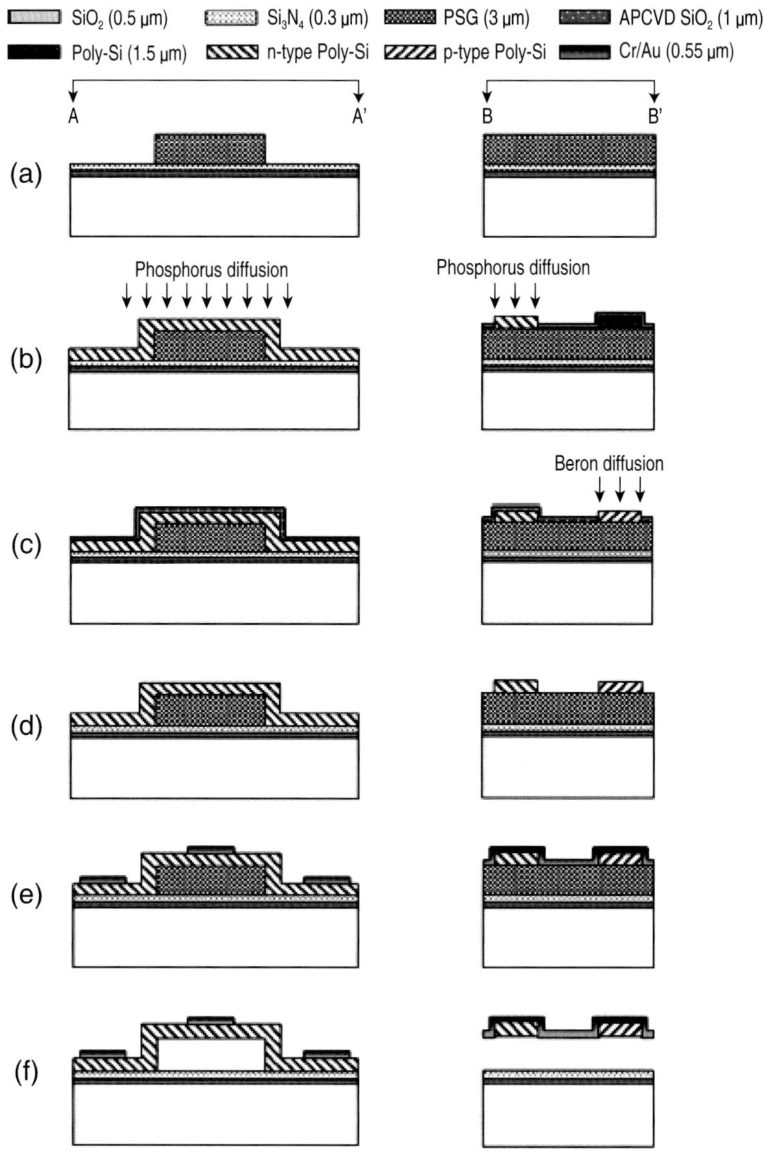


(a) 5000 Å SiO2/3000 Å $Si_3N_4$ 절연층 및 3μm 두께의 PSG 희생층 증착 및 패터닝
(b) 1.5μm 두께의 polysilicon 층 증착
(c) n-형 polysilicon 도핑 및 패터닝
(d) p-형 polysilicon 도핑 및 패터닝
(e) 500 Å Cr/5000 Å Au 금속층 증착 및 패터닝
(f) PSG 희생층 제거

**그림 8-4** 가교형(bridge-type) polysilicon 열전 냉각 소자의 제조 공정

표 8-1 p-형 및 n-형 polysilicon 및 telluride 열전 재료의 특성

| 열전 재료 (두께, μm) | Seebeck계수 (μV/K) | 열전도도 ( W/mK) ) | 비저항 (μΩm) | 접촉저항 (Ω) |
|---|---|---|---|---|
| n-polysilicon (1.5) | -87.7 | 12.6 | 7.5 | 0.4 |
| p-polysilicon (1.5) | 460.2 | 30.5 | 126.4 | ~0 |
| n-telluride (8.0) | -91.6 | N/A | 28.0 | 6.3 |
| p-telluride (8.0) | 49.4 | N/A | 30.0 | 6.1 |

차이 (αp-αn)를 비교해 보면 polysilicon (547.9μV/K)이 telluride 열전 재료 (141μV/K)보다 큼을 알 수 있다. 3Ω방식으로 측정한 열전도도 특성을 검토해보면, p-형 polysilicon (30.5W/mK)이 n-형 polysilicon (12.6W/mK)보다 높음을 알 수 있다.

반면에 $Sb_2Te_3$ 및 $Bi_2Te_3$ 열전 재료의 열전도도는 시료 제작 온도인 400℃에서 Sb와 Bi의 휘발과 열응력 발생으로 인하여 3Ω 방식으로는 측정하지 못하였다. 측정된 전기저항값을 비교해 보면, n-형 polysilicon(7.5μΩm)이 p-형 polysilicon(126.4μΩm)보다 전기저항값이 매우 낮다. 반면에 $Bi_2Te_3$ 및 $Sb_2Te_3$ 열전 소재의 경우는 전기저항값이 유사하다. 전극층인 Cr/Au와 polysilicon 층의 접촉저항은 0~0.4μΩm 수준으로 전기도금법으로 제조한 telluride 열전 재료의 접촉저항보다 작음을 알 수 있다.

전기도금법으로 제조한 $Bi_2Te_3$ 및 $Sb_2Te_3$ 열전 재료의 X-ray 회절분석 결과가 〈그림 8-5〉에 나타나 있다. 회절 분석 결과를 보면 $Bi_2Te_3$ 및 $Sb_2Te_3$ 열전 재료 모두 결정면 (015)에서 회절 peak의 강도가 높아 도금 공정 중 결정이 성장하면서 정렬된 것을 알 수 있다.

기둥형(column-type) $Bi_2Te_3$/$Sb_2Te_3$ 열전 냉각 소자의 SEM 사진이 〈그림 8-6〉에 나타나 있다. Peltier 엘리먼트로서 $Bi_2Te_3$ 및 $Sb_2Te_3$ 기둥 묶음이 〈그림 8-6〉 (a)에 보이는데 상부의 전기전도층인 Cr/Au 막은 냉각판으로서 n-형 $Bi_2Te_3$로부터 p-형 $Sb_2Te_3$ 방향으로 구동전류가 흐르도록 해준다. $Bi_2Te_3$ 및 $Sb_2Te_3$ 기둥 묶음은 각각 100개의 개별 기둥으로 구성되고 1개 기둥의 직경은 20μm이고 높이는 8μm

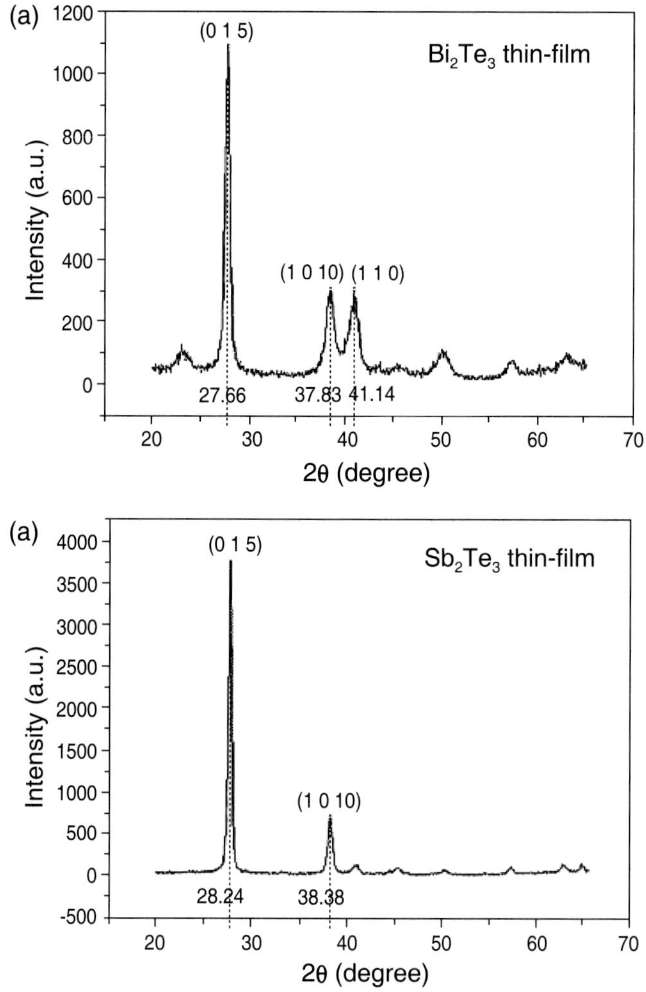


**그림 8-5** $Bi_2Te_3$ 및 $Sb_2Te_3$ 열전 재료의 X-ray 회절 분석 결과

이다. Peltier 엘리먼트인 $Bi_2Te_3$ 및 $Sb_2Te_3$ 기둥 묶음 200 쌍은 6mm × 6mm 크기에 집적된 구조이다.

가교형(bridge-type) polysilicon 열전 냉각 소자의 SEM 사진이 〈그림 8-7〉에 나타나 있다. 열전 냉각 소자는 62,500개의 Peltier 엘리먼트로 구성된다. Polysilicon의 가교 (suspended bridge)의 면적 크기는 30μm × 10μm이고 air gap 높이는 3μm이다. 구동 전류가 n-형 polysilicon에서 p-형 polysilicon 방향으로 흐르면, 냉각판은

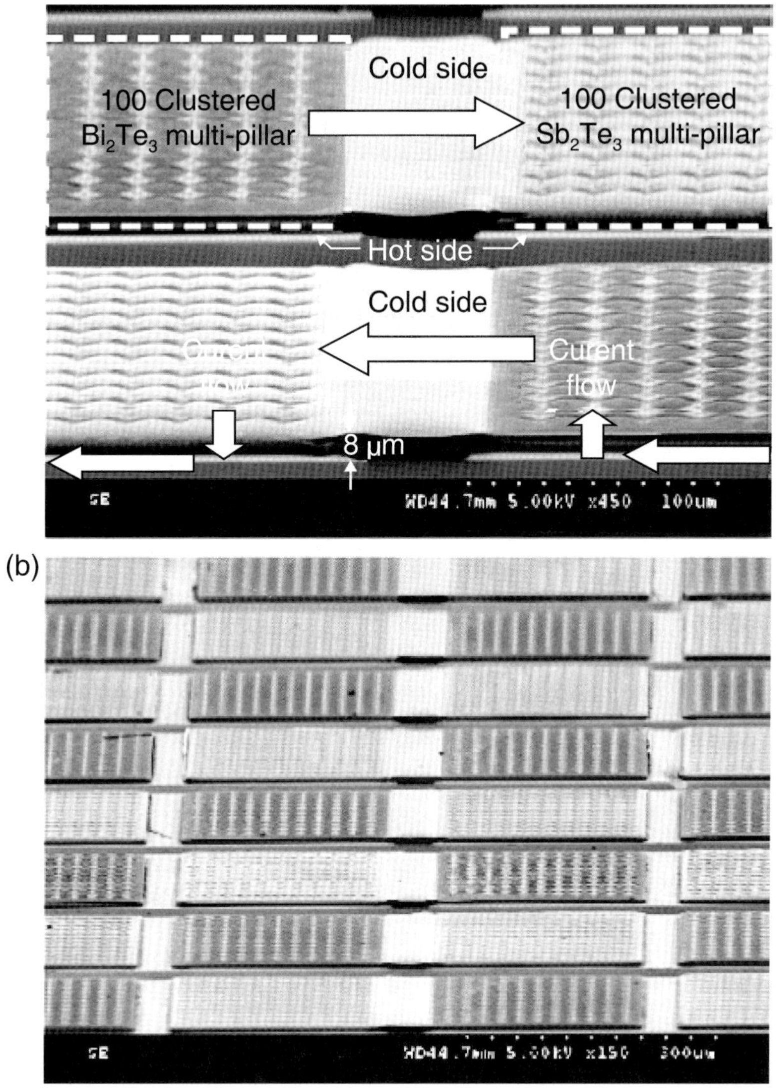


(a) 상부 전극층 (Cr/Au) 증착 전 주사전자현미경 사진
(b) 상부 전극층 (Cr/Au) 증착 후 주사전자현미경 사진

**그림 8-6** 기둥형 Bi2Te3/Sb2Te3 열전 냉각 소자의 SEM 사진

Polysilicon의 가교 상부에 형성된다. 박막으로 형성된 Polysilicon 가교는 기둥으로 형성된 $Bi_2Te_3/Sb_2Te_3$ 열전 냉각 소자보다도 열 전달 접촉 면적이 작아 고온부에서 저온부로의 열이동을 차단하는 효율이 높다.

(a) (b)

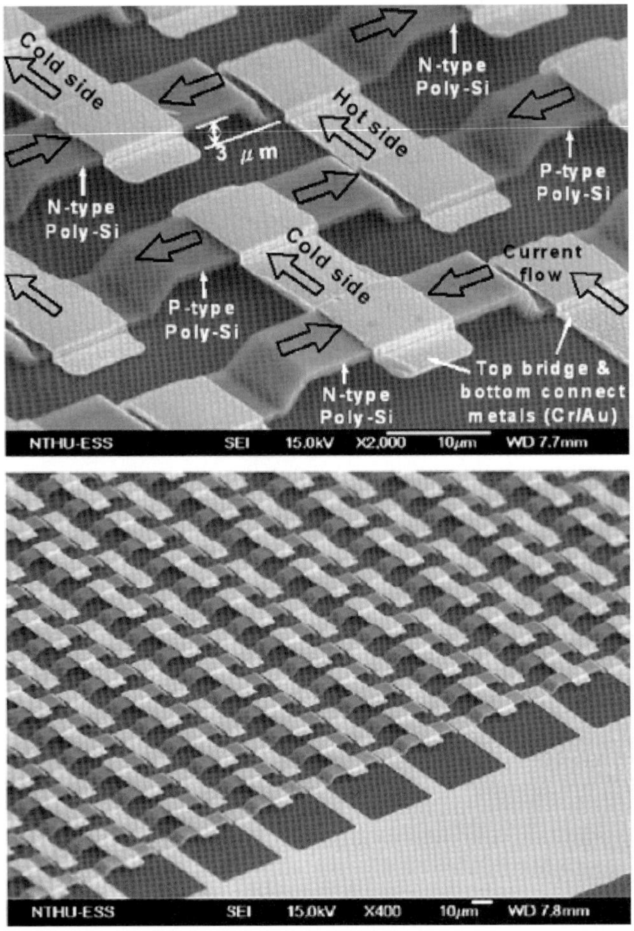


**그림 8-7** 가교형(bridge-type) polysilicon 열전 냉각 소자의 SEM 사진

〈그림 8-8〉은 열전 냉각 소자의 냉각 성능을 평가하기 위한 적외선 측정 장비의 시스템을 나타낸 것이다. $Bi_2Te_3/Sb_2Te_3$ 열전 냉각 소자의 경우 개별 기둥의 직경이 20μm 정도로 작기 때문에 열 분포도를 자세히 관찰하려면 고해상도의 적외선 카메라가 요구된다.

열전 냉각 소자의 냉각 성능 평가 결과는 $Bi_2Te_3/Sb_2Te_3$ 기둥묶음형 열전 냉각 소자의 경우 구동전류 200mA에서 고온부와 저온부의 온도 차이가 1.2K로서 기존의 개별 기둥의 열전 냉각 소자의 최대 온도 차이 0.7K보다 높은 냉각 성능을 보이고 있다. 반면에 가교형 polysilicon 열전 냉각 소자의 경우 고온부와 저온부의 최대 온도 차이가 구동 전류 80mA에서 5.6K까지 증가하는 것을 〈그림 8-9〉에 나타내었다. 〈그림 8-9〉의 결과로부터 가교형 polysilicon 열전 냉각 소자의 냉각 성능은 136.5K/A로서 가교형 polysilicon 열전 냉각 소자의 냉각 성능이 기둥형 열전 냉각 소자보다 우수함을 보여 주고 있다.

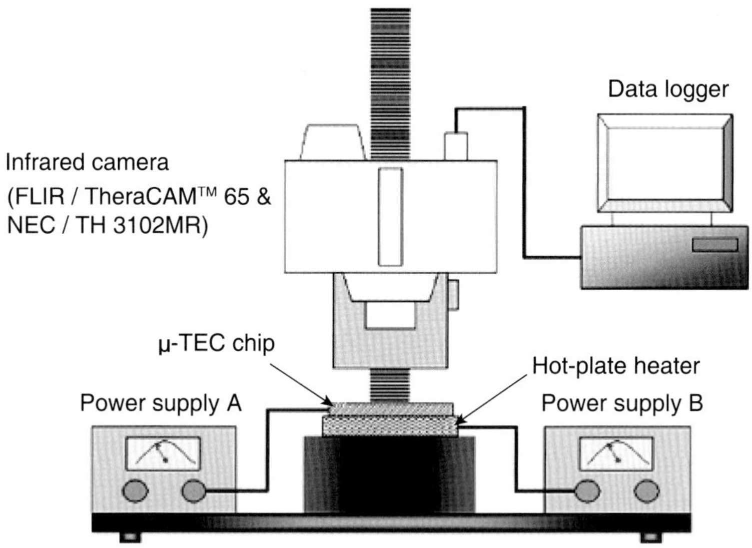


**그림 8-8** 열전 냉각 소자의 적외선 측정 장비

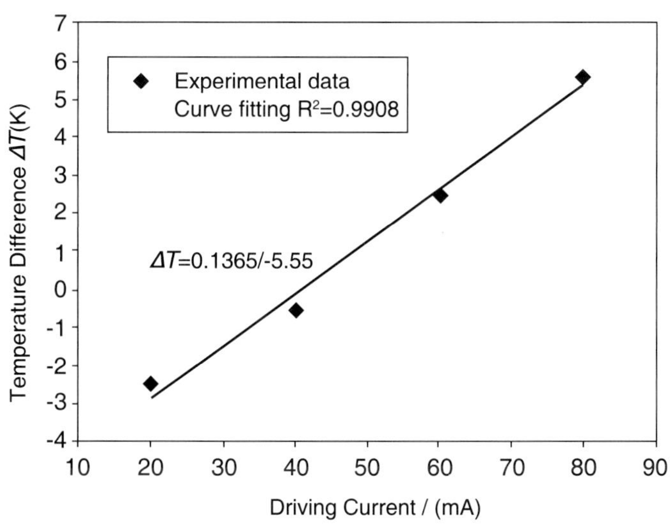


**그림 8-9** 가교형(bridge-type) polysilicon 열전 냉각 소자의 냉각 성능

# 참고 문헌


1. 김성웅(2007). 고성능 열전 변환재료의 공정 기술 및 특성 연구, 한국과학재단.
2. 김성웅(2013). 나노구조 기반 고효율 열전 에너지 변환 기술, 물리학과 첨단 기술, 10-14.
3. 에너지 변환용 열전발전 재료의 개발동향, 2010년 11월, 한국과학기술정보연구원.
4. 고효율 열전소자 기술, 전자통신동향분석, 제23권 제6호, 2008.
5. Terry M. Tritt, Harald Bottner, and Lidong Chen, "Thermoelectrics: Direct Solar Thermal Energy Conversion," MRS BULLETIN, Vol.33, 2008, p.366.
6. G. Jeffery Snyder and Eric S. Toberer, "Complex Thermoelectric Materials," Nature Materials, Vol.7, 2008, p.105.
7. Fundamentals of Renewable Energy Processes, Aldo Vieira da Rosa, Stanford University, 2005, Elsevier Inc.
8. Journal of the Korean Institute of Electrical and Electronic Material Engineers, Vol. 21, No. 12, p. 1135, December 2008. 12-21.
9. G. A. Slack, New materials and performance limits for thermoelectric cooling, in CRC Handbook of Thermoelectrics, edited by D. M. Rowe (CRC Press, Boca Raton, 1995), 407 - 440.

## 열전 에너지 변환 재료

2015년 6월 15일 초판 인쇄
2015년 6월 20일 초판 발행

지은이 _ 이동주 · 문태호 · 윤종원
펴낸이 _ 장호성
기　획 _ 이재석
제　작 _ 송덕익
편　집 _ 성두현 · 박보혜
펴낸곳 _ 단국대학교출판부
등　록 _ 1968.2.27 : No. 제03-00095호
주　소 _ 경기도 용인시 수지구 죽전로 152
전　화 _ 031-8005-2405
팩　스 _ 031-8021-7154

값 8,000원



ISBN 978-89-7092-541-7 03570

"본 교재는 2015년도 단국대학교 에너지인력양성사업의 지원으로 출판되었습니다."